新农村建设农村热点问题丛书

农家生活百事通

主　编　胡东华　吴晓燕
编　写　刘素枚　李　亮　杨　军
刘　津　吕宙飞　高永军
温　晴　韩　冰　江治亚
苗伟东　吴　燕　梁元东
刘　敬　钟典良　王新星
伍勇丽　范开迪　杨文良
杨晓霞

中国财政经济出版社

图书在版编目（CIP）数据

农家生活百事通/胡东华，吴晓燕主编．—北京：中国财政经济出版社，2011.10

（新农村建设农村热点问题丛书）

ISBN 978-7-5095-3154-9

Ⅰ.①农…　Ⅱ.①胡…　②吴…　Ⅲ.①农村-生活-知识　Ⅳ.①Z228

中国版本图书馆 CIP 数据核字（2011）第195555号

责任编辑：孙　琛　　　　责任校对：李　丽

封面设计：汪俊宇　　　　版式设计：文　通

中国财政经济出版社出版

URL：http：//www.cfeph.cn

E-mail：cfeph@cfeph.cn

社址：北京市海淀区阜成路甲28号　邮政编码：100142

发行处电话：88190406　财经书店电话：64033436

北京财经印刷厂印刷　　各地新华书店经销

880×1230毫米　32开　4.875印张　131 000字

2011年9月第1版　2012年5月北京第4次印刷

定价：20.00元

ISBN 978-7-5095-3154-9/F·2671

（图书出现印装问题，本社负责调换）

本社质量投诉电话：010-88190744

目　录

第一章 饮 食

第一节 食品的选购

一、肉类的挑选

新鲜的肉类表面有光泽，并有一种固有的香味，指压时富有弹性，瘦肉鲜红，肥肉洁白，颜色均匀，外表微干或微湿润，不粘手。质量差的肉表面干燥或极为湿润，无光泽，无弹性，白中带黄。变质的肉颜色暗淡，指压后凹陷不能恢复，切面上有粘液，可以闻到异气，如是死后屠宰的，则肉色暗红，有青紫色斑，血管中有紫红色血液淤积。具体如下：

（一）猪肉

正常鲜猪肉：肌肉有光泽，红色均匀，脂肪呈乳白色；外观微干或湿润；纤维清晰，有坚韧性，肌肉指压后凹陷处立即恢复。

注水鲜猪肉：肌肉色泽浅淡，肌纤维肿胀，切面可见血水渗出；指压后的凹陷处恢复缓慢，压时能见液体从切面流出；较正常鲜猪肉味淡或带有血腥味。

正常冻猪肉：外观肌肉呈均匀红色，无冰或仅有少量血冰，切开后，肌间冰晶细小；解冻后，肌肉有光泽、红色或稍暗，肉质紧密，有坚韧性，指压凹陷处恢复较慢；切面有少量渗出液，不粘手。

变质肉：变质的猪肉无光泽，脂肪失去光泽发暗或呈灰绿色；肉表面干燥或粘手，肉质弹性低，指压后的痕迹不能消失，有腐臭味。

母猪肉：一般胴体较大，皮糙而肉厚，肌肉纤维粗，横切面颗粒大。经产母猪皮肤较厚，皮下脂肪少、骨骼硬而脆，乳腺发达，腹部肌肉结缔组织多，切割时韧性大。

猪瘟病肉：病猪周身皮肤都有大小不一的鲜红色出血点，全身淋巴结呈紫色，个别肉贩常将猪瘟病肉用清水浸泡一夜，第二天上市销售，这种肉外表显得特别白，不见有出血点，但将肉切开，从断面上看，脂肪、肌肉中的出血点依然较明显。

（二）牛羊肉

牛羊肉的挑选主要是从色泽、弹性、粘度上鉴别。具体有这几招：

一嗅：即用鼻子嗅闻肉的气味。新鲜肉的气味比较纯正，无腥臭味；

二压：即用手指轻轻地按压肉表面。若按压后的凹印可迅速恢复原状，则系新鲜好肉；

三摸：即用手指触摸肉表。若表面微干或略显湿润，不粘手者为好肉；

四观察：仔细观察肉的色泽。首先要看肉皮。如果牛羊肉的表面无红点，则是好肉；其次看肌肉，鲜肉光泽而红色匀称，肉色稍暗的则为劣质肉；

五要看脂肪：脂肪洁白、光泽油腻的为鲜肉。

（三）鸡

选购活鸡一般有两种情况：一是鉴别鸡是否生病；二是判别鸡是否肥嫩。无病鸡有如下一些特点：将鸡执翅提起，鸡挣扎有力，声长而响亮；翻开鸡的肛门，见附近绒毛洁净，肛门湿润、微红，无红点；用左手抓住鸡的双脚，右手拍其背后能叫得咯咯出声；鸡冠鲜红、挺直，眼睛有神，嘴巴紧闭、干燥、鸡脚暖和。肥嫩鸡有以下几种情况：鸡羽毛亮水；鸡屁股圆或平；鸡胸部有肉；刀骨尖软。

（四）螃蟹

新鲜的螃蟹体表花纹清晰，粘液透明，甲壳坚硬而有光泽，颜色黑里透青，外表没有杂泥，腹部和螯足内侧呈乳白色（蟹肚上有铁锈斑颜色的为老蟹），眼睛光亮，蟹鳃清晰干净，呈青白色，无异味，步中僵硬。变质的螃蟹有异味，蟹腹中央沟两侧有灰斑、黑斑或黑点，步足松懈并与背面呈垂直状态。而腐败的螃蟹甲壳内可出现流动的黄色粒状物。

（五）虾

鲜虾体形完整，甲壳透明发亮，须足无损，头节与躯体紧连。体表呈青白色或青绿色，表面清洁，肉质致密有韧性，有光彩，切面半透明，呈青白色，内脏清楚完整，呈暗绿色。

（六）鱼

1. 看泳姿：健康鱼的泳姿应该是轻松流畅的。如果发现眼前的鱼有“一头沉”和倾斜的姿态时就说明这鱼已经不很健康。

2. 看鱼身：健康鱼的身体应该是完整和匀称的。特点是鱼鳞外观紧密；鱼身无白斑、无伤痕；鱼形态正常，无变形。

3. 看鱼眼：健康鱼的眼睛应该是清亮通透、饱满外凸的。如果发现鱼眼内有淤血或鱼眼内陷则说明该鱼已经不新鲜了。拿蒸鱼做比较，如果是活鱼现蒸的话，在将鱼蒸熟出锅后鱼眼应该是突出的，而死了一段时间的鱼在蒸熟之后鱼眼依旧是内陷的。

4. 看鱼肉：健康鱼的肉体应该是紧实而有弹性的。用手指按一下，如果觉得鱼肉部分很紧、并且在放手之后按下的凹陷部位可以迅速回弹则说明该鱼十分新鲜。反之就说明该鱼已经死了一段时间了。

5. 看鱼鳃：新鲜的鱼鳃应该是鲜红和无异味的。如果鱼鳃呈现暗红或灰褐色则说明鱼已经不是很新鲜了。另外，如果闻到鱼鳃部分有腐臭味的话，就说明该鱼已经变质，建议放弃。

6. 看鱼腹：新鲜的鱼腹不会十分膨胀，肛门也会内缩。而不新鲜的鱼由于微生物在腹腔内的繁殖产生了大量的气体，会使鱼腹膨胀、肛门外凸。这是鉴定鱼是否新鲜的窍门之一。

二、鲜蛋的鉴别

鉴别蛋是否新鲜常用的简单方法有：看、摸、听、嗅。

看：新鲜蛋表面似粉状。“鲜蛋表面一层霜，好似粉沙作外装”。表面如果发亮、变暗、有裂纹等则为次品蛋。

摸：新鲜蛋轻摸发涩，手感发沉。如果手摸发滑则为次品蛋。

听：将三四个蛋拿在手里轻碰并摇动，听是否有啪啦声、敲瓦碴子声、动荡声。如有就为次品蛋。

嗅：用鼻子闻一下是否有特异气味。如果有，为次品蛋。

三、蘑菇

（一）常食用蘑菇的种类：

香菇：正常的香菇体圆齐正，菌伞肥厚，盖面平滑；手捍菌柄有坚硬感，放开后菌伞随即膨松如故；色泽黄褐，菌伞下面的褶裥要紧密细白，菌柄短而粗壮；远闻有香气，无焦片、雨淋片、霉蛀和碎屑。

花菇：伞面上有似菊花样的白色裂纹，色泽黄褐光润；边缘下卷，菌裥细密均匀，身干，杂小柄短（菌伞直径2-3厘米），香气浓郁。厚菇：伞面无花纹，呈栗色略有光泽；肉厚质嫩，朵稍大，边缘破裂较多。

平菇：平顶，呈浅褐色。好的平菇片大，伞面边缘完整，破裂口较少，菌裥白色或浅黄色，裥褶均匀，菌柄较短。

（二）有毒蘑菇：在食用蘑菇中有时也会混杂有毒的蘑菇，稍加注意就不难识别。毒蘑菇的颜色比较鲜艳，菌伞带有红、紫、黄或其他杂色、斑点，基部呈红色；伞柄上带有菌轮；撕破后会流出白色或黄色液体，并有股辛辣味。

1. 从颜色上看，有毒的蘑菇的颜色鲜艳，常呈红、绿、黄色，菇中央呈突起状，菌伞常带有杂色斑点，表面有丝状物或小块的残渣。而无毒蘑菇一般颜色不鲜艳，菇盖较平，伞面光滑。

2. 从分泌物上看，有毒蘑菇的菇盖或受伤部位，常分泌出粘稠浓厚液体，有赤褐色汁，有辛辣等异味，菇盖撕裂后容易变色。而无毒蘑菇折断后分泌出的液体为白色，有特殊香味，菇盖撕裂后一般不变色。

3. 有毒蘑菇的伞柄上有菇轮，且容易折断，下部有菇托，根部生有囊胞，伞柄很难用手撕开。无毒蘑菇的伞柄上无菇轮，下部无菇托，伞柄易用手撕开。

4. 用化学法鉴别：有毒蘑菇挤出的乳汁涂在纸上，干后滴一滴浓盐酸，20 分钟后呈蓝色或立即变红，30 分钟后变蓝。

5. 另外，菇奇形怪状的，如杆茎细长或粗长，菇面厚实硬板，像喇叭、像人头、像雨伞等，也多属有毒蘑菇。

四、蔬菜

1. 不买颜色异常的蔬菜。新鲜蔬菜不是颜色越鲜艳越浓越好，如购买萝卜时要检查萝卜是否掉色；发现干豆角的颜色比其他的鲜艳时要慎选。

2. 不买形状异常的蔬菜。不新鲜的蔬菜有萎蔫、干枯、扭曲病变等异常形态；有的蔬菜由于使用了激素物质，会长成畸形。

3. 不买异常气味的蔬菜。不法商贩为了使有些蔬菜更好看，用化学药剂进行浸泡，如硫等，这些物质有异味，而且不容易被冲洗掉。

五、水果

1. 同样大小的水果中，相对重量比较重的水果，组织较细密，水份也较多，所以通常也比较好吃。

2. 果型饱满较好，如芒果饱满则肉多籽小；而椰子饱满则汁多。

3. 蒂头及脐的部分较开展，是水果成熟的象征。

4. 水果的声音也很重要。如：西瓜声音要沉稳；苹果声音要清脆；菠萝要选肉声（如手弹肉之声）；轻摇哈密瓜及香瓜有声音时，品质较不佳。

5. 水果外观的纹路明显开展，且分布均匀较好。

6. 选择硬度高的水果。

7. 色泽要鲜艳自然，不要死色。

8. 有绒毛的水果，要看绒毛长短。绒毛长的比短的好。

9. 外皮细致光滑比粗糙的好。

六、蜂蜜

（一）蜂蜜的感官鉴别

蜂蜜的感官检验可通过看色泽、品味道、试性能、查结晶等来进行判断。

1. 看色泽。每一种蜂蜜都有固定的颜色，如刺槐蜜为水白色或浅琥珀色，芝麻蜜呈浅黄色，枣花蜜、油菜花蜜为黄色琥珀色。纯正的蜂蜜一般色淡、透明度好，如掺有糖类或淀粉则色泽昏暗，液体混浊并有沉淀物。

2. 品味道。质量好的蜂蜜，嗅、尝均有花香；掺糖加水的蜂蜜，花香皆无，且有糖水味；好蜂蜜吃起来有清甜的葡萄糖味道。

3. 试性能。纯正的蜂蜜用筷子挑起来可拉起柔韧的长丝，断后断头回缩并形成下粗上细的塔头并慢慢消失；低劣的蜂蜜挑起后呈糊状并自然下沉。

4. 查结晶。纯蜂蜜结晶是呈黄白色，细腻；假蜂蜜结晶粗糙，透明。

（二）蜂蜜掺假的鉴别

1. 蜂蜜掺水的鉴别。感官检验：取蜂蜜数滴，滴在滤纸上，优质的蜂蜜含水量低，滴落后不会很快浸透，而掺水的蜂蜜滴落后就很快浸透消失。

2. 蜂蜜中掺糖的鉴别检验。人为将糖熬成浆状掺入蜜中，其回味短，糖浆味较浓。可用下述方法加以详细鉴别。用玻璃板一块，将样品少许置于板上，用强日光晒或电吹风吹，掺有糖浆者便结成硬的结晶块，而纯蜂蜜仍呈黏稠状。用铝锅将待测蜂蜜熬成饱和溶液，然后放入冷却水中，掺蔗糖的则形成一块脆块，未掺蔗糖的则不能。

3. 蜂蜜中掺米汤、糊精及其他淀粉类物质的检验方法。掺有米汤、糊精及淀粉类物质的蜂蜜，外观混浊且不透明，蜜味淡薄，用水稀释后溶液混浊不清。

4. 蜂蜜中掺入增稠剂的检验。掺有增稠剂的蜂蜜，颜色深黄，黏稠度较大，近似饱和胶状溶液，有块状脆性物悬浮且底部有白色胶状小粒。

七、如何识别食品保质期

国家对一些常见食品的保质期有下面的规定，凡不符者，请向有关部门核实后举报或投诉。

酒类：普通瓶装熟啤酒保质期是 2 个月；11 度和 12 度熟啤酒 4 个月；葡萄酒和果露酒半年；汽酒 4 个月；露酒半年；瓶装黄酒 3 个月。

副食品类：瓶装酱油、食醋均为 6 个月；油炸干果、番茄酱铁罐装均为 1 年。

饮料类：玻璃瓶装果汁汽水、果味汽水均为 3 个月；罐装为半年。果汁（包括果汁和从天然水果中提取的香料经加糖、酸味剂配成的糖浆）和蔬菜汁饮料，玻璃瓶装为半年。

罐头类：鱼、禽类罐头和玻璃瓶装均为 2 年；虾、蟹类：罐装和玻璃瓶装均为 12 个月；果蔬类罐头（铁罐装和玻璃瓶装）15 个月。

糖果类：一四季度生产的 3 个月；二三季度生产的 2 个月；梅雨季节生产的 1 个月。夹心巧克力为 3 个月；纯巧克力 6 个月。

饼干类：马口铁桶装饼干为 3 个月；塑料袋装 2 个月；散装 1 个月。

乳制品类：奶粉：马口铁罐装为 1 年；玻璃瓶装 9 个月；塑料袋装 4 个月。甜炼乳：马口铁罐装 9 个月；瓶装 3 个月。

第二节 食物营养

一、人体的主要构成物质——蛋白质

蛋白质在常人印象中，恐怕最容易联系到的是鸡蛋蛋清、豆奶、豆腐等食品了。那么实际上这些食物提供给人体的蛋白质都有什么作用？

蛋白质是建造人体的重要原料，人体的神经、肌肉、甚至毛发没有一处不含蛋白质，一个几公斤重的婴儿长成为一个几十公斤重的成人，体内各种组织成分的自我更新都离不开蛋白质，所以必须供给充足的蛋白质才能满足生命活动的需要。食物中的蛋白质来源很广泛，像大豆、小麦、稻米等谷物类可提供植物蛋白，其中大豆含蛋白质高达39%。各种肉类和蛋类则是动物蛋白的主要来源。选择食物时，要做到荤素搭配，相互补充，使摄入的蛋白质更好地符合人体的需求。

二、人体高能量来源——脂肪

脂类更多的营养价值在于它是机体代谢所需能量储存运输的方式，与糖类所提供营养的区别主要体现在被利用的快慢上。显而易见的，没有人身上会有许多糖类物质作为能量储存，反而如果血糖浓度过高还是一种病态——糖尿病，而几乎所有人都会有多余的脂肪组织，在需要的时候，这些脂肪可以被利用来“燃烧”产生人体所需能量。

脂肪在体内的主要功能是贮存和供给能量，是人体的主要能源物质——糖的后备燃料。我们日常的烹调用油，如大豆油等植物油，坚果类如核桃、瓜子等都含有丰富的油脂。动物性食物中，畜肉的脂肪含量一般为20%左右，猪肉含量较牛、羊肉高；禽类一般含脂肪量为15% -20%，但鸭子脂肪含量较高，一般在30%以上；鱼类脂肪含量一般在10%以下，而且鱼类脂肪组成中含有较多的多不饱和脂肪酸，对心血管系统有保护作用；蛋类脂肪含量为10% - 15%，主要含于蛋黄中，蛋白几乎不含脂肪。一般来说，多食用植物油（如花生油）比多食用动物油对人体更有好处。

三、生命活动的主要能源——糖类

首先强调一点，这里提到的糖类决不仅局限于日常以为的蔗糖，而是范围很广的一个群体。

糖是一种碳水化合物，碳水化合物分解释放的能量可以维持一切生理活动，如心跳、神经的兴奋、大脑的活动等。碳水化合物可以分为三类：单糖、寡糖和多糖。食物中最常见的单糖是葡萄糖和果糖，主要存在于各种水果和蜂蜜中。最常见的寡糖是蔗糖，就是我们俗称的糖，主要来源于甘蔗和甜菜。而海藻糖、低聚果糖、大豆低聚糖等寡糖大都存在于水果和蔬菜中，对人体具有特殊的功能，如通便洁肠、调节肠道内环境，降低血清胆固醇等。淀粉和纤维素是多糖的主要代表，日常的主食中，米面制品、土豆、红薯等薯类食品都能为人体供应充足的淀粉。而对于以精米细面和肉食为主的人而言，从蔬菜、水果和谷类中摄入一定量的纤维素则尤为必要，这些纤维素在肠道中像“拖把”一样能够帮助人体排毒、通便。

可以看到，糖类物质包括的不只蔗糖，还有作为主食之一的淀粉（面粉，米饭的主要营养成分）也属于糖类。

对于正常人来说，糖类是一种不可缺少的营养物质。肌肉组织的营养来源主要是糖类而不是脂肪物质。单糖对于体弱的病患来说则是最主要最快捷的营养来源，这正是医院里为无法进食的病人输葡萄糖的原因。糖类食物可提高人体的血糖水平，并向肌肉供能。多糖食物能够向脉搏率达到每分钟120 - 150次的中等运动程度的运动员提供直接的能量。糖类还可使身体更有效地利用蛋白质，并有助于保持体内适宜的酸碱平衡。

四、人体需要的维生素

维生素，是另一种重要的营养物质。与糖类和脂类不同的是它不是直接供应能量的营养物质，与蛋白质不同的是它不是生命的基本单位，最关键的一点在于它无法通过人体自身合成。

维生素对于生命的重要作用主要是参与体内的各种代谢过程和生化反应途径，参与和促进蛋白质、脂肪、糖的合成利用。许多维生素还是多种酶的辅酶重要成分，所谓的维生素缺乏症就是因为维生素缺乏时，酶的合成就会受阻，使人体的代谢过程发生紊乱，从而引起的身体疾病。轻者症状不明显，但会降低身体的抵抗力和工作效率，重者会表现出血、脚气病、夜盲症等各种典型症状，严重者甚至导致死亡。

1. 保护视力的营养素——维生素 A。

维生素 A 能够保护视力，维持上皮细胞的正常结构，促进骨骼的生长发育，增强机体免疫力。维生素 A 主要存在于动物性食物中，含维生素 A 丰富的食物主要有动物的肝脏、牛奶、黄油以及鱼肝油。植物中的类胡萝卜素在人体内也可以转变为维生素 A。多食用一些黄色和红色的蔬菜水果，如胡萝卜、南瓜、芒果、柑橘等有利于补充维生素 A。

2. 增强免疫的营养素——维生素 C。

维生素 C 主要作为抗氧化剂存在于体内，可以促进伤口的愈合，防止败血症，改善血脂肪和胆固醇的代谢，预防心血管疾病，增强肌体对外界环境的免疫力。维生素 C 主要来源为新鲜蔬菜和水果，如柿子椒等绿色蔬菜，以及红枣、柚子、酸枣、猕猴桃等水果中均富含维生素 C。

3. 强壮骨骼的营养素——维生素 D。

维生素 D 可以促进小肠对钙、磷的吸收，促进钙和磷沉积在骨骼中。除了晒太阳可以增加人体内维生素 D 的合成外，通过食物也可以补充维生素 D，如动物肝脏、奶油等均含有维生素 D_3，酵母、蘑菇中含有维生素 D_2。

4. 延缓衰老的营养素——维生素 E。

维生素 E 是体内重要的抗氧化剂，具有延缓衰老的作用。维生素 E 主要存在于油料作物的种子、谷类、坚果和绿色蔬菜中。食用油通常是人们从膳食中摄取维生素 E 的主要来源，其中以麦胚油的维生素 E 含量最为丰富，其次是玉米油、橄榄油、花生油等。

5. 抗脚气病的营养素——维生素 B_1。

维生素 B_1 能够维持正常的神经功能，提高心脏工作能力，预防和治疗脚气病，增加食欲。动物肝脏中维生素 B_1 的含量较高，例如牛、羊等家畜的肝脏、心肌和肾脏等都是补充维生素 B_1 的良好食物来源。此外，谷类食物，包括大米、小麦粉及玉米等，只要不过分地加工磨白，均含有相当数量的维生素 B_1。

6. 健康的黄色卫士——维生素 B_2。

维生素 B_2 可预防口角炎、舌炎，促进皮肤、指甲、毛发的生长，增进视力、减轻眼睛的疲劳，它还在防治缺铁性贫血方面起到了重要的作用。维生素 B_2 广泛存在于植物和动物性食物中，动物的肝、肾、乳及蛋类食物中含量尤为丰富，豆类也含有较大量的维生素 B_2。

五、人体需要的矿物质

微量元素是另一种营养物质，主要指的是人体所需的一些少量的金属离子等元素。这些离子主要作用包括细胞间的信号传导介质以及作为人体组织成分。常见的如铁元素等。

大多数的微量元素，都可以通过水、正常饮食补充，并不需要特殊饮食。有时候并不是吃很多微量元素就可以保证营养均衡的，因为大多数情况下出现的微量元素缺乏原因都是人体的吸收功能有问题所致，这时即使食用大量包含这些元素的食品或者药品都效果很小——因为人体根本无法吸收。

1. 人体的钢筋混凝土——钙。

钙是骨骼和牙齿的必需材料，它像混凝土一样构成了人体的基本框架。钙还可以维持神经与肌肉活动，以及维持体内细胞的正常生理功能。乳制品是含钙丰富的大众食物，水产品（如螃蟹、海带等）和各种蛋类也都含有大量的钙。豆制品、坚果及油料种子类（如杏仁、瓜子、核桃等）中钙的含量也较为丰富。

2. 钙的“孪生兄弟”——磷。

人体中80%的磷存在于骨骼中，它对于骨骼和牙齿的钙化和生长发育都是必需的。骨骼形成过程中，2克钙需要1克的磷，因此，钙、磷在人体中具有“孪生兄弟”之称。含磷高的食物，主要有坚果类、鱼类、肉类、豆类、粗粮、蔬菜等。

3. 身体中的“盐分”——钠和钾。

钠、钾在体内最重要的生理功能就是维持体液平衡，即水分在体内的分布。钠和钾还对神经冲动的传导起重要作用。常见的高钾食物有面粉、小米、马铃薯、油菜、西红柿、鸡肉、鲤鱼等，而高钠的食物有食盐，等等。

4. 生命之花——锌。

锌有助于人体维持正常的免疫功能，维护正常骨骼的骨化，参与生殖器官的发育和功能的维持。锌在食物中的存在极为广泛，但是不同的食物锌含量有很大差别。所有食物中锌含量最高的是牡蛎，其他还有牛奶、猪肉、全谷、花生、燕麦片等。

5. 血液卫士——铁。

铁是唯一一种女性的需要量比男性大的元素。肉类是铁的良好来源，其中的铁主要以血红素铁的形式存在，而且一些肉类因子能促进整个膳食铁的吸收。总铁量最丰富的食物是动物的内脏，其次为瘦肉、禽等。深颜色的蔬菜中也含有较丰富的铁，但大部分以非血红素铁的形式存在，吸收相对较差。

6. 增长智慧的营养素——碘。

碘在人体中主要参与甲状腺激素的合成。它对于维持和调节体温、保持正常的新陈代谢都是至关重要的。另外碘对于儿童身体和脑的生长发育也起着关键作用。碘的食用一般遵循以下的原则：海产品的碘含量大于陆地食物；动物性食物碘含量大于植物性食物；蛋奶的碘含量高于其他动物性食物。如紫菜、海带、鸡蛋中含量比较高。

六、生命的摇篮——水

水约占成年人体重的60%，被认为是最必需、最重要的营养素，它对生命的重要性仅仅次于空气。水是一切营养素和代谢废弃物的溶剂，水在体内直接参与氧化还原反应，促进各种生理活动和生化反应，水是人体自备的润滑剂，利于吞咽和关节活动。水的来源是所有营养素中最广泛的，一个人一天要喝水 1700 毫升，不是渴了才喝，应定时补充水。

我国古代就提出“五谷为养、五果为助、五畜为益、五菜为充”，这充分体现出饮食的多样性。通过摄入丰富多样的食物，实现饮食的科学合理搭配，取长补短，才是达到营养平衡的最好途径。同时营养素的补充一定要全面均衡，尤其是矿物质，因为它们之间有很强的协同作用，因此当今的观点是提倡使用补充复合维生素矿物质制剂，这样不仅能达到营养平衡，而且也能起到更深层次的达到预防慢性疾病的目的。

第三节 调 配 制 作

中国研制和食用调味品有悠久的历史和丰富的知识，调味品品种众多。其中不仅有属于东方传统的调味品，也有引进的调味品和新兴的调味品。

一、常用调味品种类和作用

（一）调味品分类

依调味品的商品性质和经营习惯的不同，我们可以将目前中国消费者所常接触和使用的调味品分为六类：

1. 酿造类调味品：酿造类调味品是以含有较丰富的蛋白质和淀粉等成分的粮食为主要原料，经过处理后进行发酵，即借有关微生物酶的作用产生一系列生物化学变化，将其转变为各种复杂的有机物，而此类调味品主要包括：食醋、酱、豆豉、豆腐乳等。

2. 腌菜类调味品：腌菜类调味品是将蔬菜加盐腌制，通过有关微生物及鲜菜细胞内的酶的作用，将蔬菜体内的蛋白质及部分碳水化合物等转变成氨基酸、糖分、香气及色素，具有特殊风味。其中有的加淡盐水浸泡发酵而成湿态腌菜，有的经脱水、盐渍发酵而成半湿态腌菜。此类调味品主要包括：榨菜、梅干菜、腌雪里蕻、泡姜、泡辣椒等。

3. 鲜菜类调味品：鲜菜类调味品主要是新鲜植物。此类调味品主要包括：葱、姜、辣椒、芫荽、辣根等。

4. 干货类调味品：干货类调味品大都是根、茎、果干制而成，含有特殊的辛香或辛辣等味道。此类调味品主要包括：干辣椒、八角、小茴香、芥末、桂皮、姜片、姜粉、草果等。

5. 水产类调味品：水产类调味品是指对水产中的部分动植物，干制或加工，其含蛋白质量较高，具有特殊鲜味，习惯被用于调味的食品。此类调味品主要包括：鱼露、虾米、虾皮、虾籽、虾酱、虾油、蟹制品、紫菜等。

6. 其他类调味品：不属于前面各类的调味品，主要包括：食盐、味精、黄酒、咖喱粉、五香粉、芝麻油、花生酱、沙茶酱、银虾酱、番茄沙司、番茄酱、果酱、番茄汁、桂林酱、椒油辣酱、芝麻辣酱、花生辣酱、油酥酱、辣酱油、辣椒油、香糟、红糟、菌油等。

（二）真假调味品鉴别

1. 八角茴香。

正品：果实多由8个骨朵果组成，放射性排列于中轴上。骨朵果长1-2厘米，宽0.3-0.5厘米，高0.6-1厘米。外表红棕色有不规则皱纹，顶端呈鸟喙状，上侧多开裂。内表面淡棕色，质硬而脆，气味芳香，味辛或甜。

伪品：果实常由7-8个较瘦小的骨朵果呈轮状排列聚合而成。单一的骨朵果长约1.5厘米，宽0.4-0.7厘米，前端尖，略变曲，果皮较薄。具特异香气，味先微酸而后甜。

2. 花椒。

正品：为2－3个上部离生的小骨朵果集生于小果梗上，每一个骨朵果沿腹缝线开裂，直径0.4－0.5厘米，外表面紫色或棕红色，并有多数疣状突起的油点。内表面淡黄色，光滑。内果与外果皮常与基部分离。味麻辣而持久。

伪品：为5个小骨朵果并生，呈放射状排列，状似梅花。每一骨朵果从顶开裂，外表呈绿褐色或棕褐色，有少数圆点状突起的小油点。香气较淡，味辣微麻。

3. 桂皮。

正品：外表呈灰棕色，稍粗糙，有不规则细皱纹和突起物，内表红棕色、平滑，有细纹路，划之显油痕，断面外层棕色，内层红棕色而油润，近外层有一条淡黄棕色环纹。气香浓烈，味甜。

伪品：外表呈灰褐色或灰棕色，可见灰白色斑纹和不规则细纹理。内表面红棕色，平滑。气微香，味辛辣。

4. 小茴香。

正品：双悬果呈圆柱形，两端略尖、微弯曲，长0.4－0.7厘米，宽0.2－0.3厘米。表面黄绿色或绿黄色。分果呈长椭圆形，背面5条隆起的纵肋，腹面稍平坦。气芳香，味甜、辛。

伪品：分果呈扁平椭圆形，长0.3－0.5厘米，宽0.2－0.3厘米。表面棕色或深棕色，背面有3条微隆起的肋线，边缘肋线浅棕色延展或翅状，味辛。

5. 干姜。

正品：呈圆柱形，有分枝。长5－8厘米，直径0.5厘米。表面棕红色至暗褐色，有一半节，每节长0.2－1厘米。断面灰棕色或红棕色，气芳香，味辛辣。

伪品：呈圆柱状，多分枝，长8－12厘米。直径2－3厘米。表面红棕色或暗紫色，节间长0.3－0.6厘米。断面淡黄色。气芳香但比正品香气淡，味辛辣。其所含挥发油对皮肤及黏膜有刺激作用。

二、食物调制方法

（一）发面

1. 蒸馒头时，如果面似发非发，可在面团的中间挖个小坑，倒进两小杯白酒，停 10 分钟后，面就发开了。

2. 发面时如果没有酵母，可用蜂蜜代替，每 500 克面粉加蜂蜜 15－20 克。面团揉软后，盖湿布 4－6 小时即可。蜂蜜发面蒸出的馒头松软清香。

3. 冬天室内温度低，发面需要的时间较长，如发酵时在面里放点白糖，可以缩短发面的时间。

4. 在发酵的面团里，人们常要放入适量碱来除去酸味。检查施碱量是否适中，可将面团用刀切一块，上面如有芝麻粒大小均匀的孔，则说明用碱量适宜。

5. 蒸出的馒头，如因碱放多了变黄，且碱味难闻，可在蒸过馒头的水中加入食醋 100－160 克，把已蒸过的馒头再放入锅中蒸 10－15 分钟，馒头即可变白，且无碱味。

6. 蒸馒头时，在面粉里放一点盐水，可以促使发酵，蒸出的馒头很白。

判断馒头生熟：

（1）用手轻拍馒头，有弹性即已熟；

（2）撕一块馒头的表皮，如能揭开皮即熟，否则未熟；

（3）手指轻按馒头后，凹坑很快平复为熟馒头，凹陷下去不复原的，说明还没有蒸熟。

（二）盐蛋的制法

1. 盐泥涂布法。

就是用食盐水加黄土搅拌成泥浆，均匀涂布在蛋上加工作盐蛋。

盐泥的配制（以 150 枚鸡蛋为基数计算）：食盐 0.6 千克至 0.75 千克，干黄土 0.65 千克至 0.75 千克，冷开水 0.4 千克至 0.45 千克。

加工过程：将食盐倒入冷开水中溶解，加入干黄土搅拌成糊糊状。每次取 3－5 枚鸡蛋放入盐泥中，使蛋壳上全部粘满盐泥放入缸中，基本装满后将剩余的盐泥倒在蛋面上，加盖密封。盐蛋成熟所需时间，春秋季 35 天左右，夏季 20 天左右，冬季 55 天左右。盐蛋成熟后食用时，先将蛋取出洗净，煮熟即可食。

2. 盐水浸泡法。

就是用盐水浸泡腌制盐蛋。加工时将盐水浓度配制成 20%（开水 80%，食盐 20%），取原料蛋洗净后放入盐水中浸泡，蛋的最上层要用竹笆或其他东西压住，以防最上层蛋漂浮，露出水面。缸上加盖封存 30 天左右，盐蛋即成熟。盐水浸泡法加工的咸蛋不宜久存，否则蛋壳上易出现黑斑。

3. 五香盐蛋。

五香盐蛋系鲜鸭蛋配以佐料加工而成。腌制方法：先将鲜鸭蛋中不易加工的散黄蛋、裂纹蛋等剔除，然后把鲜鸭蛋洗净沥干。一般 100 只鲜鸭蛋配桂皮 120 克、茴香 70 克、辣椒粉 50 克、食盐 750 克，加水 3000 克；煮 1 小时，冷却后弃渣，然后将五香粒 50 克，制成不稠不稀的泥料。腌制时，用左手取鲜鸭蛋 3－5 只，放入泥料内，右手把沾有泥料的蛋放入小缸内，装满后用盖盖紧封好，使不漏气。五香盐蛋在夏季 25－30 天，春、秋季 40－50 天即可成熟，以 70－80 天的味道最佳。

（三）皮蛋的制法

松花蛋，又称皮蛋、变蛋等，是我国传统的风味蛋制品，不仅为国内广大消费者所喜爱，在国际市场上也是享有盛名。

1. 北京皮蛋。

配料标准：鸭蛋 800 枚，重约 60 千克，水 50 千克，纯碱 3.3 千克，生石灰 14 千克，黄丹粉 150 克，食盐 2 千克，红茶末 1 千克，柏树枝 250 克。

熬料：按配方要求将备好的食盐、红茶末、柏树枝放在锅内，加水煮沸（或用 50 千克沸水冲入这些辅料中），趁热慢慢倒入预先放好生石灰、纯碱等辅料的缸内，用木棍不断搅拌。待全部辅料溶化后，即成料液，冷却后备用。

装蛋与灌汤：将排选好的鲜鸭蛋，放入清洁的缸内。事先在缸底铺一层垫草，如麦秸等，以免下层鸭蛋直接与缸底相碰而破损。装缸时要轻轻按层次平放，放至距缸口 15 厘米处即为满缸，用竹篦别住蛋面，以免灌汤后鸭蛋飘浮。灌汤前，要将料液拌匀，按需要量徐徐沿缸壁倒入缸内，直到将鸭蛋全部淹没为止，盖上缸盖，静置安放在室内。灌汤时的料液温度以 22℃ –25℃为宜。

泡制：在泡制期要控制好室内温度，一般要求在 20℃ –24℃之间，在灌汤后最初两周内，不得移动蛋缸，以免影响蛋的凝固。装缸后，夏天经 6 –7 天，冬天经 9 –11 天，应进行第一次质量检查。取样蛋用灯光透视，发现基本似黑贴皮，则说明正常。若全部发黑，说明料液太浓，须加冷茶水冲淡。第二次检查可在下缸后 20 天左右进行。

出缸、洗蛋：北京皮蛋的成熟期约为 35 –45 天。成熟的标志是，蛋向空中抛起落在手里有颤动感，有弹性；灯光透视内容物呈茶红色；剥壳检查，蛋白呈墨绿色，不粘壳，凝固良好，蛋黄呈绿褐色，中心呈淡黄色，并有饴糖状核心。达到上述标准时，应立即出缸，以免老化。松花蛋出缸后，要及时进行清洗，并沥水晾干。洗蛋应用冷开水或残料的上清液，切忌用生水。

包泥、滚糠、贮运：出缸后的皮蛋要进行验质分级，少部分可直接供应市场。出口或存放的皮蛋，要进行包泥以及滚糠。泥料配制视皮蛋成熟情况而定。一般是用 60% –70% 的黄泥粘土加 30% –40% 的泡制过皮蛋的料汤，用温水调成泥糊状。包泥时要逐个用泥料包裹，随即放在稻糠或谷壳上来回滚动，使之均匀地粘在包泥上。包好的皮蛋装入箱或缸内，加盖封严，即可贮运。贮藏期一般为 3 –4 个月。

2. 湖南皮蛋。

配料标准：鸭蛋 1000 枚，纯碱 1.1 千克，生石灰 3.8 千克，红茶末 400 克，桑柴灰 12.5 千克，食盐 1.6 千克，水 20.6 千克，黄泥 600 克。

加工过程：将纯碱、食盐、红茶末、水倒入锅中煮沸，然后倒入预先放好黄泥的缸内，搅拌均匀，冷却待用。将选好的鸭蛋放在冷却的料浆中浸蘸，使其均匀地粘满泥浆。随即将蛋放在盛有生石灰和桑柴灰混合料粉的容器内滚动，使蛋均匀地粘满粉料。然后装缸密封，并置于库房内贮存，一般经2个月左右即可成熟出缸。

3. 山东松花蛋。

配料标准（夏季的配方）：鸭蛋100枚，食盐175克，红茶末75克，纯碱350克，生石灰1500克，松枝灰75克，黄丹粉12.5克，清水5千克，黄土适量。

加工过程：将以上配料（黄土除外）一起放入锅内熬制成汤，捞出残渣，冷却备用。经过挑选合格的鲜鸭蛋，轻轻地分层横放在缸内，装至八成满用高粱秆将蛋面别住，防止加入汤料后鸭蛋上浮。然后把冷却的料汤沿缸壁徐徐倒入缸内，直至淹没蛋面，最后加盖密封。经40天左右，即可成熟出缸。出缸后，皮蛋用冷开水洗净，沥水晾干，包涂泡过蛋的料液与黄土调制的泥浆，并滚上谷糠，置于缸内密封贮存。

（四）泡菜

四川泡菜通常分两种。种类不同，用途不同，做法也就大不相同。

1. 跳水泡菜，跳水泡菜的来由是因为这菜泡在坛子里很快就取出来吃了。可以作为一个专门的菜。通常现在川菜馆里的什锦泡菜和饭前桌子上的小菜都是这类泡菜。

材料：通常用瓜类的蔬菜或者质地坚硬的根、茎、果等，切成长条。荤菜里通常是猪耳朵、凤爪及猪杂。

做法：将清水烧开，加食盐（每1千克水约50－60克盐），待盐完全溶解后，放入适量配料，倒入泡菜坛中（以卤水淹到坛子的3/5为宜）。待卤水完全冷却后，再放入菜块。取食泡菜要使用专筷，切不可带油，避免油与生水进入坛中，否则会生花。坛口水槽要保持清洁，并经常换水注满。

吃法：莴笋，萝卜之类的蔬菜只需要泡八个小时至十二个小时，这样泡出来的蔬菜脆生生的，带点适量的咸味，很是爽口。如果喜欢吃辣的，可以浇上点辣椒油，拌上少许味精，是很难得的美味。

2. 用作佐料的泡菜。川菜里有很多有名的菜式都是用这种泡菜做的，这种泡菜如果想做专门的菜，那可以比跳水咸菜多泡制几天，差不多一周至十天均可，比跳水咸菜通常多一点酸味；另外一种就是长期泡在坛子里，只在做菜的时候捞起来作为佐料。

材料：辣椒、青菜、白萝卜、豇豆、姜。

做法：

（1）将要泡的菜洗净并风干。

（2）将清水烧开，放入适量盐（每1公斤水80克盐左右）放在旁边备用。

（3）起坛水：用以前的泡菜坛子里的“母水”，或者可以向家里已有泡菜坛子的朋友要一些，放在新鲜坛水里，会有更好的味道。将已经冷却的清水倒入母水之中。

（4）加入佐料、花椒、茴香、白酒，坛水就大功告成了。

（5）将准备好的蔬菜入坛腌制。菜要装满，尽量少留空隙，以液面靠近坛口，盐水淹没蔬菜为宜。在坛口周围水槽中注入凉开水，扣上扣碗，并放在阴凉处。

（6）泡菜放的地方注意阴凉，注意保持坛口始终有水以保证坛中不进空气和细菌。如发现坛中有生花的现象，加入少许白酒。

（五）甜酒

原料：

圆糯米、甜酒曲。

1. 浸泡：将糯米洗净，浸泡12－16小时，直至可以用手碾粹即可。

2. 蒸饭：在蒸锅里放上水，蒸屉上垫一层白布，烧水沸腾至有蒸汽。将沥干的糯米放在布上蒸熟，约一小时。没有这层布，糯米会将蒸屉的孔堵死，怎么也蒸不熟。尝一尝糯米的口感，如果饭粒偏硬，就洒些水拌一下再蒸一会儿。

3. 淋饭：将蒸好的糯米端离蒸锅，冷却至室温。间或用筷子翻翻以加快冷却。在桌子上铺上几张铝箔，将糯米在上面摊成两三寸厚的一层，至凉透。在冷却好的糯米上洒少许凉开水，用手将糯米弄散摊匀，用水要尽量少。

4. 落缸搭窝：将酒曲均匀的拌在糯米中，转入容器，压实，在中间扒一个小窝，然后用保鲜膜或纱布密封。

5. 培养成熟：将盆置于30℃－32℃左右的恒温箱中培养24到48小时，如果米饭变软，表示已糖化好；有水有酒香味，表示已有酒精和乳酸，即可停止保温。最好再蒸一下，杀死其中的微生物和酶并停止其活动。这样，甜酒酿就制作成功。

注意事项：

（1）拌酒曲一定要在糯米凉透以后。否则，热糯米就把霉菌杀死了，最后结果要么是酸的臭的，要么就没动静。

（2）一定要密闭好，否则会又酸又涩。

（3）温度低也不成。30℃－32℃左右为最好。

（4）做酒酿的关键是干净，一切东西都不能沾生水和油，否则就会发霉长毛。

（5）如果发酵过度，糯米就空了，全是水，酒味会过于浓烈。

（6）如果发酵不足，糯米有生米粒，甜味不足，酒味也不足。

（7）拌酒曲的时候，如果水洒得太多了，最后糯米是空的，也无法成块，一煮就散。

（六）腊肉

1. 制作温度：制作腊肉和香肠应选在10℃左右的季节最佳。

2. 选料：

（1）猪臀部的肉，带皮，肥瘦相连。

（2）配料：盐300克，花椒200克，八角150克，茴香150克，丁香30克，山奈75克，香叶30克，上述配料炒香碾磨成粉状。姜200克拍破，甜面酱100克，料酒500毫升。配料混合均匀。

（3）熏料：锯末，新鲜柏丫、松枝若干。

3. 做法：

（1）猪肉切成3－4厘米厚的块状，洗干净，配料均匀抹遍猪肉外表，将猪肉放入密闭容器腌制5天，每天翻动一次（使入味更均匀）。

（2）将肉上串穿一个洞，挂起来并风干3－5天。

（3）在一金属筒（比如汽油筒去底和盖）内置入锯末并引燃，上盖松枝，再盖柏丫，在筒的上方放一个网状的架子，猪肉置于其上，如此熏制，直到猪肉表面变成黄色或黑色，熏黑了的，松枝和柏丫的味道则更重。

（4）将猪肉，挂在通风良好的地方等腊肉干透，就大功告成了。

腊肉的保存时间比较长，一般可以保存3个月，如果密封或放冰箱，则更久。熏制过的腊肉，密封保存一年以上应该没有问题。

第四节 贮藏保管

一、夏季防止食物变馊

如果家中没有冰箱，夏季防止食物变馊可借鉴以下的两种方法：

（一）先在盆中放入冷水，把装有食物的容器置冷水盆中，然后盆上罩一个陶制容器，利用陶器质地稀松，容易吸水的特点，使陶器内的温度降低，食物就不易变馊了。

（二）先在盆内放进用食盐对水溶化成的浓盐溶液，溶液放到盆的一半为止，然后把盛食物的容器放在浓盐溶液中，上面再盖上通风罩。

（三）夏天煮米饭时，按1500克米加2－3毫升的比例加些醋，煮出后的米饭就不易变馊。

二、保存鲜蛋

(一) 谷糠贮藏法

用箱子、土缸等作容器，先在底部铺一层谷糠，再在上面放一层鸡蛋。

这样一层一层地装满为止，然后放在阴凉处，避免光照和潮湿。一般可以保鲜 3－4 个月。

(二) 草木灰贮藏法

把鲜蛋放在土缸或瓷坛子里，逐层用草木灰盖好，装满后加盖封严，放置在阴凉、干燥、避光的地方，可以保鲜几个月。

(三) 石膏贮藏法

冷开水 5 千克，熟石膏 500 克、白矾 200 克，搅和溶化成乳状液，将鲜蛋浸没溶液里，并加盖封存，能保鲜 8 个月。

(四) 茶渣贮藏法

将鸡蛋埋入干燥、洁净的茶渣中，并放阴凉干燥处，可保鲜 2－3 个月。

(五) 热烫贮藏法

把鲜蛋洗净，用 60℃左右的热水浸烫 10 分钟，使蛋清最外层受热凝固，形成一层保护膜，防止细菌的侵入，可以保鲜数月不坏。

(六) 石灰水贮藏法

按 500 克生石灰兑入 2 千克清水的比例，把石灰水搅匀，待澄清后注入瓷坛中，把新鲜鸡蛋浸入石灰水内。用这种方法，一般可以保鲜 5－7 个月。

三、猪油

猪油熬好后，趁它未凝结时，加一点白糖或食盐，搅拌后放入瓶中加以密封，可久存而不变质。把猪油放在干净的锅里融化，到 7、8 成热的时候，放入十几粒花椒，等花椒变成金黄色或飘出香味时捞出。关火，并把猪油放进小坛子保存。

四、酱油的保存

在酱油里滴一些熟豆油、熟花生油或麻油，从而使它与空气隔绝。或在酱油里放 1－2 段大葱和几瓣大蒜。都可防止酱油生霉发花。

五、盐

由于食盐含有氯化镁，而氯化镁最易吸潮。食盐加热后，氯化镁分解为氯化氢和氧化镁了。氯化氢是气体，随即释放，氧化镁是白色粉末，不溶于水，所以要使食盐不受潮，在锅里炒一下就可以了。另外，用一小茶匙淀粉倒入盐罐里和盐揉合在一起，也就不易受潮了。

第五节 家庭食谱

一、酸辣土豆丝

做法：

1. 将土豆削皮，切细丝，泡在水中洗去淀粉，既能避免其变黑，又能使其在炒烧时保持白嫩、爽脆。炒前捞出，并沥干水分。

2. 青、红辣椒去籽、蒂，切成细丝，干辣椒切丝。

3. 炒锅上火，加入花生油烧热，放葱丝爆锅，并加入干辣椒炒香，再加入青红椒丝、土豆丝，炒至八成熟再加入精盐、味精调味，再淋上香油和香醋，炒熟即可。

二、红烧茄子

做法：

1. 把茄子洗净去掉头尾，切成滚刀状，泡在清水中，并捞起沥干水后洒少许淀粉拌匀。葱去头尾洗净，切成段。

2. 猪肉洗净切片，剁成泥后，加1/2汤匙酱油、1汤匙生粉、1/2汤匙油和1/3汤匙鸡粉拌匀，腌制10分钟即可入味。

3. 倒3汤匙油进锅烧热，并倒入肉末炒散，直至肉色变白后捞起待用。

4. 继续加10汤匙油，爆香葱段，放入茄子开大火快速翻炒，并加5汤匙水炒至茄子出水变软，约5–6分钟。

5. 倒入之前炒好的肉末炒1分钟之后，洒1/3汤匙盐、1/5汤匙鸡粉和1/2汤匙酱油调味，就可起锅啦。

三、鱼香茄子

做法：

1. 将茄子洗净沥干，并切成小圆段备用。大蒜洗净切末、葱洗净切成葱花，姜切末备用。把醋，糖，芡粉放入碗中，加水备用。注意：碗中要先放糖，再放醋，醋放到和糖一样平。

2. 将油加热后，放入茄子段炸软成金黄色时，捞起将油沥干。

3. 将姜，蒜，葱爆香后，倒入肉丝，再倒入炸好的茄子拌炒一下，最后加入碗中的调料拌炒，即可盛入盘中。

四、青椒炒鸡蛋

做法：

1. 把青椒用清水洗净，去籽切成细丝。将鸡蛋打在碗里，用筷子搅拌散开。

2. 锅内放油，烧热，将蛋汁倒入，炒好倒出。

3. 往锅内倒入余油，烧热，放入葱花炝锅，随着放入青椒丝，加精盐炒几下，见青椒丝翠绿色时，放入炒好的鸡蛋、味精，翻炒均匀，用香醋烹一下，即可以出锅。

五、地三鲜

做法：

1. 茄子和土豆去皮，切成滚刀块；青椒用手掰成小块。

2. 锅中倒入多一些的油，七成热时，先将土豆块放入，炸成金黄色，略显透明时捞出备用。

3. 再将茄子倒入油锅，炸至金黄色，加入青椒块即一起捞起。

4. 以少量热油爆香葱花及蒜茸，加高汤、生抽、糖、盐、茄子、土豆和青椒块，略炒。

5. 最后加入水生粉大火收汁即可。

六、干煸豆角

做法：

1. 扁豆两头撕去老筋，掰成两节，洗净，控干。

2. 烧热250克油，放入扁豆，直至炸到扁豆表皮起皱时，用笊篱捞出控净油。

3. 另取锅烧热，用1大勺油爆香肉末、干辣椒、花椒、榨菜、蒜粒。

4. 倒入老抽、扁豆翻炒，扁豆熟透时关火，放盐和味精，炒匀即可。

七、鸡肉炒菜花

做法：

1. 鸡胸肉洗净，切成片用盐、料酒、食用油腌一会儿，并用粉芡抓匀。

2. 菜花洗净劈成小朵，坐开水锅，下锅焯一下，捞出过凉水，控净水后备用。葱切丝，姜切末，蒜切片。

3. 另取炒菜锅，放油，油温热了把大料放入，再放姜末，把鸡胸肉也放进锅中滑炒至肉变色盛出备用，然后再把葱丝姜末放入炒出香味，放焯好的菜花再翻炒。

4. 放料酒、鸡精、蚝油，把滑好的鸡胸肉也放进锅中，快速翻炒，放盐，翻炒，出锅并装盘。

八、粉蒸肉

做法：

1. 五花肉切片。

2. 把肉用料酒，葱，姜，八角腌上。

3. 腌上肉以后，准备辣椒，花椒，大米，紫米。

4. 把准备好的3放锅里炒。

5. 把3放锅里用中火把大米炒香且变得微黄。

6. 用搅拌机把炒好的3打碎。注意不要搅得太碎，颗粒大些亦可。

7. 把6倒入腌好的肉里。加入老抽，生抽，糖，鸡精，少许麻油。拌匀。

8. 最后加入一大勺豆瓣酱。再加少许水，使粉湿润。

九、葱花炒鸡蛋

做法：

1. 葱洗净去掉葱白，并把葱青切成葱花，放进玻璃大碗里。

2. 打入四只鸡蛋，将玻璃大碗倾斜成45度，用筷子顺一个方向，将蛋和葱花快速搅拌，打至蛋液呈黏稠状即可。

3. 把锅烧热，直到锅内的水分全部蒸发，烧1分钟左右，放6汤匙油入锅，转动锅让油铺满整个锅面，然后改成小火，浇入蛋液。

4. 顺一个方向快速翻炒蛋液，大约1分钟后，蛋液会凝固起来，这时赶紧起锅，免得炒蛋过老。

十、金牌蒜香骨

做法：

1. 猪肋排改刀成12厘米的长段，用清水漂去血水。

2. 用调料腌制2小时（海鲜酱，沙茶酱，老抽，生抽，蚝油，味精，白糖）以上。

3. 油烧到二成热，把排骨放入锅中，油温由低至高慢慢炸制，直至肋排成熟、外皮结壳取出沥干油。

4. 再在锅中放入蒜茸、干辣椒炒出香味，最后再放入肋排稍炒，加上调料，装盆即可。

第六节 做饭小技巧

1. 煮水饺时，在水里放一棵大葱或在水开后加点盐，再放饺子，饺子味道鲜美不粘连；在和面时，每 500 克面粉加拌一个鸡蛋，饺子皮挺刮。

2. 炖肉时，在锅里加上几块桔皮，可以除异味和油腻并增加汤的鲜味。

3. 煮骨头汤时加一小匙醋，可使骨头中的磷、钙溶解于汤中，并可保存汤中的维生素。

4. 炖鸡应在汤炖好后，温度降至 80 - 90 摄氏度时或食用前加盐。因为鸡肉中含水分较高，炖鸡先加盐，鸡肉在盐水中浸泡，组织细胞内水分向外渗透，蛋白质产生凝固作用，使鸡肉明显收缩变紧，影响营养向汤内溶解，且煮熟后的鸡肉趋向硬、老，口感粗糙。

5. 烧豆腐时，加少许豆腐乳或汁，味道芳香可口。

6. 将绿豆在铁锅中炒 10 分钟再煮能很快煮烂，但不要炒焦。

7. 煮蛋时水里加点醋可防蛋壳裂开，事先加点盐也可以。

8. 煮海带时加几滴醋易烂；放几棵菠菜也可。

9. 煮火腿之前，将火腿皮上涂些白糖，味道更鲜美。

10. 羊肉去膻味：将萝卜块和羊肉一起下锅，半小时后取出萝卜块；放几块桔子皮更佳；每千克羊肉放绿豆 5 克，煮沸 10 分钟后，将水和绿豆一起倒出；放半包山楂片；将带壳的核桃两三个洗净打孔放入；1 千克羊肉加咖喱粉 10 克；1 千克羊肉加剖开的甘蔗 200 克；1 千克水烧开，加羊肉 1 千克、醋 50 克，煮沸后捞出，最后重新加水加调料。

11. 煮面条时，在锅中加少许食盐，煮出的面条不容易烂糊。

12. 熬粥或煮豆时不要放碱，否则可能会破坏米、豆中的营养物质。

13. 用开水煮新笋容易熟，且松脆可口；要使笋煮后不缩小，可加几片薄荷叶或盐。

14. 猪肚煮熟后，切成长块，放在碗内加一些鲜汤再蒸一会儿，猪肚会加厚一倍。煮猪肚时，千万不能先放盐，等煮熟后吃时再放盐，否则猪肚会缩得象牛筋一样的硬。

15. 煮牛肉：为了使牛肉炖得快，加一小撮茶叶（约为泡一壶茶的量，用纱布包好）同煮，肉很快就烂且味道鲜美。煮牛肉和其他硬肉类以及野味禽类时，加点醋可使其软化。

16. 老鸡鸭用猛火煮，肉硬不好吃；如果先用凉水和少许食醋泡上 2 小时，再用微火炖，肉就会变得香嫩。

17. 炖老鸭：在锅里放几个田螺更容易烂熟。

18. 烧鸭子时，把鸭子尾端两侧的臊豆去掉，味道会更美。

19. 煮咸肉：用十几个钻有许多小孔的核桃同煮，可消除臭味。

20. 做红烧肉前，先用少许硼砂把肉腌一下，烧出来的肉肥而不腻。

21. 油炸食物时，锅里放少许食盐，油不外溅。

22. 在春卷的拌馅中适量加些面粉，能避免炸制过程中馅内菜汁流出糊锅底。

23. 炸土豆之前，先把切好的土豆片放在水里煮一会儿，使土豆皮的表面形成一层薄薄的胶质层，然后再用油炸。

24. 炸猪排时，在有筋的地方割 2－3 个切口，炸出来的猪排就不收缩。

25. 将鸡肉先腌一会儿，封上护膜放入冰箱，待炸时再取出，炸出的鸡肉更酥脆可口。

26. 煎荷包蛋时，在蛋黄即将凝固之际浇一点冷开水，使蛋又黄又嫩。

27. 用羊油炒鸡蛋，味香且无异味。

28. 炒鸡蛋时加入少量的砂糖，会使蛋白质变性的凝固温度上升，从而延缓了加热时间，加上砂糖具有保水性，可使蛋制品变得膨松柔软。炒鸡蛋时加入几滴醋，炒出的蛋会松软味香。

29. 炒茄子时，在锅里放点醋，炒出的茄子颜色就不会变黑。

30. 炒土豆时加醋，可避免烧焦，可分解土豆中的毒素，并使色、味相宜。

31. 炒豆芽时，先加点黄油，再放盐，能去掉豆腥味。

32. 炒肉菜时放盐过早熟得慢，宜在将熟时加盐，在出锅前再加上几滴醋。

33. 炒糖醋鱼、糖醋菜等，应先放糖，后放盐，否则食盐的“脱水”作用会促进菜肴中蛋白质凝固而“吃”不进糖分，并造成外甜里淡。

34. 做肉饼和肉丸子时，1 千克肉馅放 2 小匙盐。

35. 做丸子按 50 克肉 10 克淀粉的比例调制。

36. 将少量明矾和食盐放入清水中，把切开的生红薯浸十几分钟，洗净后蒸煮，可防止或减轻腹胀。

37. 牛奶煮糊了，放点盐，冷却后味道会更好。

38. 放有辣椒的菜太辣时或炒辣椒时加点醋，辣味会大减。

39. 烹调时，放酱油若错倒了食醋，撒放少许小苏打，醋味即可消除。

40. 汤太咸又不宜兑水时，可放几块豆腐或土豆或几片蕃茄到汤中；也可以将一把米或面粉用布包起来放入汤中。

41. 汤太腻，将少量紫菜在火上烤一下，再撒入汤中。

42. 花生米用油炸熟，盛入盘中，趁热撒上少许白酒，稍凉后撒上少许食盐，放置几天几夜都酥脆如初。

43. 菜籽油有一股异味，可把油烧热后投入适量生姜、蒜、丁香、陈皮同炸片刻，油即可变香。

44. 炸完食物后的油留下一些残渣并变得混浊，可将白萝卜切成厚圆片，用筷子把萝卜戳几个洞，放入剩油中炸，残渣附着在萝卜片上，取出清除残渣，再反复放入锅中炸，混浊的油可变清澈。

45. 当锅内温度达到最高时加入料酒，易使酒蒸发而除去食物中的腥味。

46. 熬猪油：在电饭煲内放一点水或植物油，然后放入猪板油或肥肉，接通电源后，能自动将油炼好，不会溅油，不糊油渣，油质清纯。

47. 泡菜坛中放十几粒花椒或少许麦芽糖，可以防止产生白花。

第二章 医药卫生

第一节 个人卫生

一、饭前、便后要洗手

手是人体的“外交器官”，人们的一切“外事活动”，它都一马当先，从事各种劳动都要用手来完成。因此，手就容易粘染上许多病原体微生物。科学家做过这样一个调查，一双没有洗过的手，至少含有 4 万 -40 万个细菌。如果饭前便后不洗手，就可以把细菌带入口中，吃到肚里，这就是人们常说的“菌从手来，病从口入”。所以要养成勤剪指甲，饭前、便后、劳动后洗手的习惯。

洗手可除掉粘附在手上的细菌和虫卵，用流水洗手，可洗去手上 80% 的细菌，如果用肥皂洗，再用流水冲洗，可洗去手上达 99% 的细菌。洗手中注意不能几人同用一盆水，以免交叉感染，互相传播疾病，洗手时间应超过 15 秒。

二、不随地吐痰、甩鼻涕

有些人不注意保持环境，有痰随地吐，鼻涕甩一地，既影响卫生又有损个人形象。有些所谓“爱卫生”的人，将痰吐在地上，用脚上穿的鞋一抹，以为看不见痰迹就算干净了，就不妨碍卫生。如果把痰液吐在地上，当痰液干燥后，细菌便随尘土飞扬到空气中，健康人吸入这样的尘埃，就有可能得呼吸道疾病。应把痰吐在废纸上包起来，然后扔进纸篓或垃圾箱里，做到不随地吐痰，维护公共场所卫生。

三、不对别人咳嗽、打喷嚏

咳嗽和打喷嚏是人的一种正常的生理现象。但是，不注意场合，面对别人或食物打喷嚏则是一种既不卫生又不礼貌的不良行为。据调查，一声咳嗽可喷射出 2 万个很小的飞沫，一个喷嚏射出近 100 万粒的飞沫。而且飞沫喷出的速度很快，不到 1 秒就可以飞出 4.6 米，顺风的话可达 9 米之遥。鼻腔和咽喉部是细菌、病毒聚居最密的地方之一，喷出的飞沫中含有大量的细菌和病毒。一个喷嚏喷出的病菌可高达 8500 万个。飞沫的水分蒸发后，细菌和病毒又随尘土飞扬，继续危害人的健康。

四、不吸烟

吸烟有害而无一利，已为全世界的科学界所公认。烟草的烟雾中含有 3000 多种有害物质。其中主要有烟碱、烟焦油、轻氟酸、丙烯酸和一氧化碳等。据统计，每天吸 40 支香烟的人，肺癌的发病率比不吸烟者高 70 倍。此外，吸烟与唇癌、喉癌、食管癌、胃癌等也密切相关。吸烟者易发生感冒、鼻炎、鼻窦炎、气管炎、支气管炎、肺气肿等。

有人说吸烟能提神，提高工作效率。其实，这是一种误解。现代医学研究认为，尼古丁对中枢神经系统的作用具有两重性，即先兴奋后抑制。所以，长期大量吸烟的人，大脑皮层的兴奋与抑制过程失去平衡，反而呈现疲劳、记忆力减退、注意力分散、工作效率下降等。

五、不过度饮酒

适量饮酒可以促进血液循环，活血化淤，祛风散寒。但是如果饮酒过量，就会导致醉酒。有的人会因酒醉失态，走路摇摆，甚至醉卧路旁、桥头等地方。当醉酒者出现面色苍白，体温下降，口唇发紫，大小便失禁，昏睡不醒，甚至昏迷，此时已进入酒精中毒的晚期。

六、常见的似是而非的“卫生习惯”

1. 用卫生纸擦拭餐具、水果和面部：许多卫生纸未经消毒处理或消毒不彻底，其中的填料或粉屑也很容易残留在餐具或水果上，进入人体会影响健康。用卫生纸擦拭餐具、水果和面部是不妥的。

2. 用抹布擦干餐具和水果：在一般家庭，抹布是多用途的，既用其擦桌子又用其抹餐具。如不经常消毒或晾晒，潮湿而富有营养的抹布适合多种病原体生存繁殖。

3. 用纱罩罩食物：夏天用纱罩罩食物可防止苍蝇的直接污染，但不能直接盖上。

4. 用白纸包食品：白纸看起来干净，其实并不卫生。由于在白纸生产过程中要使用一定量的漂白粉，容易引发化学反应，并能产生许多有害物质，如过氧化物。这种物质进入人体可引起关节酸痛、失眠，还可导致肝癌和不育等病症。

5. 变味的食物加热后吃：其实，变质食物煮后再吃，虽然危险减小了一些，但仍然很不安全。如引起食物中毒的肉毒杆菌和金黄色葡萄球菌，其产生的毒素即使被高温加热也不会被分解破坏，吃了被这种毒素污染的食物仍然会引起中毒。

6. 把水果烂的部分削掉再吃：即使把腐烂部分削去，其剩余部分早已被含有细菌及其代谢产物的腐烂水果的果汁所浸染。吃了这样的水果，轻者引起胃肠道不适，重者可致急性胃肠炎，甚至导致人体细胞突变或癌变。

7. 长期使用带有茶锈的杯子：有人认为茶锈是茶水长期沉积形成的，无害，故平时很少去洗，其实这是错误的观念。茶锈中含有多种有害物质，可导致肾脏、肝脏、胃肠等器官发生病变。

8. 经常去除铝锅内的棕色锈：这样做铝锅看起来干净了，而实际上却去掉了铝锅表面的一层保护膜。因为铝锅上的棕色锈是铝的一种氧化物，能阻止铝溶到含水饮食中，从而减少人体对铝的吸收，有利预防老年痴呆症。

9. 用废旧日光灯管晾毛巾：有的家庭用废旧日光灯管晾毛巾或手帕，认为很卫生。殊不知，灯管两端被锈蚀或灯管本身有裂缝，管内的水银、荧光粉及少量氨气等有毒物质就会逐渐渗出或挥发，污染毛巾，从而危害人体健康。若进入眼睛，可造成视力减退甚至失明。

10. 酒后、饭后立即洗澡：患有心脏病的人酒后立即用凉水洗澡，会因心脏负担过重而导致死亡。即使是正常人，也不宜饭后立即洗澡。因为洗澡时会使四肢和体表的血流量增加，而减少胃肠的血液供应，影响胃肠的消化功能。

11. 有痰不吐：随地吐痰是不文明的生活习惯，应当弃之。但有痰不吐，咽到肚子里，也是不好的习惯。这样做会将痰中的各种致病微生物和寄生虫幼虫食入体内，发生相应的感染甚至疾病。

12. 牙刷头倒放在杯内：刷牙后，将牙刷头朝下放在洗漱杯内，牙刷间的一些食物残渣便成为细菌的营养源，得以使其大量繁殖。再次刷牙时，牙刷中的细菌及其分解产物就有可能侵入体内，进而影响健康。

第二节　常见病防治

一、春冬季常见传染病预防知识介绍

（一）麻疹

麻疹是由麻疹病毒引起的急性呼吸道传染病，冬春季节多发，传染力极强。临床表现临床以发热、皮疹及两眼发红、流泪、打喷嚏、流涕、咳嗽为主要症状，并以颊黏膜出现麻疹斑为特征。病程中可出现肺炎、喉炎、脑炎等并发症。患病后一般可获得持久免疫力。传染源病人是传染源，病人自发病前2日至出疹后5日内，眼结膜分泌物、鼻、口、咽、气管的分泌物中都含有病毒，具有传染性。传播途径是以空气飞沫直接传播为主，也可通过被病毒污染的物品间接传播，尽量减少和患者及其患者家属的接触是预防麻疹的关键。人群普遍易感，多见于婴幼儿，但近年来由于麻疹疫苗的广泛接种，发病年龄有后移趋势。

预防措施：做好保健工作，按时接种麻疹疫苗，室内空气流通，流行季节少到公共场所。增强抗病能力。一旦与麻疹患者接触，应立即隔离不得外出，可给予肌肉注射胎盘球蛋白或丙种球蛋白。患儿应隔离至出疹后第5日，给予营养丰富且易消化的流质或半流质饮食，忌油腻辛辣食物。

（二）流感（流行性感冒）

流行性感冒由称流感，由流感病毒引起的急性呼吸道传染病，具有很强的传染性，其发病率占传染病之首位。临床表现流感病毒，分为甲、乙、丙三型。同型病毒又分为若干亚型，如甲0、甲1、甲2、甲3等。流感病毒主要侵入呼吸道，但其毒素对全身器官有广泛的毒性作用，临床上有发热、全身酸痛、咽痛、咳嗽与白细胞减少等症状。体弱多病者易发生流感病毒性肺炎或继发感染而死亡。传染源流感的传染源主要是病人和隐性感染者，传染期为1周。传播途径流感以空气飞沫直接传播为主，也可通过被病毒污染的物品间接传播人群对流感普遍易感，病后有一定的免疫力，对同型的免疫力可维持较久，对同一亚型的变种间也有交叉免疫力，但维持的时间一般不长，病毒不断发生变异，可引起反复感染发病。

预防措施：

1. 保持良好的个人以及环境卫生。

2. 勤洗手，使用肥皂或洗手液并用流动水洗手，不用污浊的毛巾擦手。双手接触呼吸道分泌物后应立即洗手。

3. 打喷嚏或咳嗽时应用手帕或纸巾掩住口鼻，避免飞沫污染他人。流感患者在家或外出时应佩戴口罩。同时口罩要经常清洗晾晒。

4. 均衡饮食、适量运动、充足休息，要避免过度疲劳。

5. 每天开窗通风数次，保持室内空气新鲜。

6. 在流感高发期，尽量不到人多拥挤、空气污浊的地方；必须去时，最好戴口罩。

7. 隔离病人是减少传播的有效途径，隔离期一般为 1 周。

8. 流感可通过疫苗预防，常用的疫苗有减毒疫苗以及灭活疫苗。

（三）流脑

流行性脑脊髓膜炎简称流脑，它是由脑膜炎双球菌引起的急性呼吸道传染病，传染性较强。流脑的流行有明显的季节性和周期性，冬春季发病率高，一般从每年 1 月份开始发病，3、4 月份是高峰期。据统计，每年的 2 到 4 月，“流脑”的发病率占全年的 60% 左右，其特点是起病急、病情重、变化多、传播快、流行广，来势凶猛，病死率高，危害性大。引起流脑的脑膜炎双球菌，常常寄生在健康人的鼻咽部，这种人没有疾病症状，我们称他为带菌者。当病人或带菌者咳嗽、打喷嚏的时候，病菌就随着飞沫散布到空气中，周围的人呼吸带菌的飞沫，受到传染，如果被感染的人抵抗力弱，病菌就可能进入血液循环，在血液中繁殖形成败血症，进一步随血流侵犯脑组织和脊髓外的被膜，引发脑脊髓膜炎。这种病的潜伏期一般为 2－3 天，最长的为一周。流脑病毒普遍易感，在各年龄组人群中均可发生。流脑一般好发于小年龄段儿童，患者主要是 15 岁以下的少年儿童，特别是 6 个月至 2 岁的婴幼儿容易感染，因为幼儿自身抵抗力差，容易患病；大年龄段儿童中，如果是机体免疫功能有缺陷，家长也应当警惕。近年来，临床上也发现有成年人患此病，而成人的病死率高。

临床表现流脑发病初期类似感冒，流鼻涕、头痛发热等。病菌进入脑脊液后，头痛加剧，嗜睡、颈部强直、有喷射样呕吐和昏迷休克等危重症状。由于流脑临床类型较多，有些病人最初可表现为上呼吸道感染症状，不容易引起重视，因此，在该病流行期间，如果发现有不明原因的发热、头痛、咽喉疼痛等症状，应及时到医院就诊，以便早发现、早治疗。

普通型——先有上呼吸道感染症状但不很明显，突然发热头痛、呕吐、嗜睡或惊厥，乳幼儿常表现烦躁嗜睡交替出现，双目凝视，尖声哭叫，拒奶、易惊等。多数病人在起病数小时内皮肤黏膜出现瘀点或瘀斑，呈暗红色或紫红色大小不等，分布不匀。

休克型——在流行季节突然发热、面色发灰、四肢发凉、皮肤发花，皮肤上有大量瘀点常常融合成片，脉细弱，重者血压下降，神志不清。

脑膜脑炎型——剧烈头痛，烦躁不安，明显嗜睡，重者抽搐、昏迷。

预防措施如下：

1.“三晒一开”，杀灭病菌。“流脑”的病原体——脑膜炎双球菌有怕冷、怕热、厌氧的特性。所以，在阳光充足、空气新鲜流通的环境中不易生存。“三晒一开”就是常晒太阳、晒被褥、晒衣服，居室常开窗通风，以达到杀灭该病病菌目的。

2. 预防接种，增强免疫力。15 岁以下儿童是“流脑”易感人群，需要重点保护。除了在流行季节少去或不去人多的公共场所外，还可以接种流脑多糖体菌苗，提高对“流脑”的免疫能力，接种疫苗后免疫时间可以维持一年以上。

3. 及时发现，早期隔离。在“流脑”好发季节，如发现儿童有不明原因的发热、头痛、呕吐时，须引起警觉，及时去医院检查，确诊为“流脑”的要隔离治疗。对疑似病人或与病人密切接触者要严密观察，防止该病扩散、传播。

流脑虽然具有一定的传染性，但它在体外生存力极弱，常通呼吸和鼻咽部分泌物传播，和流脑患者密切或长时间接触才会被传染。普通流脑治愈后一般不会有什么后遗症。因此，流脑是可防可治的，不必恐慌。

（四）风疹

风疹是由风疹病毒引起的急性呼吸道传染病。病毒侵入人体后 2－3 周发病，临床特点为：病毒首先侵入上呼吸道粘膜、颈淋巴结并复制，引起上呼吸道炎症和病毒血症，表现为低热、畏寒、头痛、流涕、上呼吸道炎症、耳后及枕部淋巴结肿大，发热当天全身可见以四肢为主的分布均匀的淡红色圆形或卵形点状充血性斑丘疹，色淡、细小、蔓延快，24小时可遍布全身，痒感不明显，一般皮疹二至三天开始从上到下陆续消退，退疹后不留痕迹。妊娠初3个月内感染风疹病毒，可能导致胎儿先天畸形。风疹传染源为风疹病人，出疹前后5日均有传染性，患者鼻咽部分泌物、血及尿中均带有病毒。主要经空气飞沫传播。多见于1-5岁儿童，成人也可能会发病，冬春季节发病较多，病后可获持久免疫。目前对该病尚无特效疗法，应以预防为主。

预防措施如下：

1. 对风疹病人要早期诊断，早期隔离，积极治疗。出疹时应卧床休息并隔离至出疹后5天，饮食宜清淡，易消化，忌辛辣。

2. 冬春季为呼吸道传染病高发季节，孕妇、儿童等易感人群应尽量避免去人员密集的场所；学校等人口集中的地方应注意通风，并经常对室内空气进行消毒；对年龄为1岁以上的儿童、育龄妇女和其他易感人群，可接种风疹减毒活疫苗（一般在注射后6至8周机体就可产生抵抗风疹的抗体。免疫成功率在95%以上，保护率可达5-7年），以预防风疹的发生。

二、夏秋季常见传染病预防知识

（一）霍乱

霍乱是由霍乱弧菌引起的急性肠道传染病。主要临床表现是：剧烈的腹泻、呕吐、脱水、肌肉痉挛、周围循环衰竭、电解质平衡紊乱等，严重时出现肾功能衰竭及代谢性酸中毒。典型病人病情来势凶猛，发展迅速，若治疗不及时很快因脱水、严重衰竭而死亡。

（二）细菌性痢疾（菌痢）

菌痢是夏秋季最常见的肠道传染病，菌痢是由志贺氏菌属细菌引起的。典型临床表现是：发热、腹痛、腹泻、脓血便，并伴有全身中毒症状。菌痢较可怕的一种类型为急性中毒性菌痢，它起病急、发展快，主要表现为发热，体温可达40℃以上，严重者可出现休克、惊厥、甚至昏迷和呼吸衰竭。

（三）伤寒和副伤寒

伤寒和副伤寒是由伤寒杆菌和甲、乙、丙副伤寒杆菌引起的。病程分为4期：初期、极期、缓解期、恢复期。初期相当于发病第一周，表现为发热、头痛、全身不适、食欲减退、腹胀、腹泻或便秘等，体温可达39－40℃。极期：相当于发病后2、3周，表现为高热不退，脉搏与发热不呈比例上升，玫瑰疹、肝脾肿大，表情淡漠、反应迟钝等，重者可出现谵妄、昏迷等，可持续10－14天。缓解期：相当于发病后第4周，病情开始好转，体温逐渐下降，但易发生并发症，尤其是肠穿孔、肠出血。恢复期：第5周，体温恢复正常，症状减轻或消失。1个月左右可恢复健康。

（四）感染性腹泻

从广义上讲感染性腹泻系指各种病原体肠道感染引起的腹泻。这组疾病可由病毒、细菌、原虫等多种病原体引起。感染性腹泻的临床表现可分为两大类：炎症性腹泻及分泌性腹泻。炎症性腹泻常伴有发热，粪便多为粘液便或粘液血便；分泌性腹泻多不伴有发热，粪便性状为稀便或水样便。

上述四种肠道传染病的传染源均是病人和无症状的带菌者，它们的传播途径相同，主要是经水、食物、生活接触及苍蝇传播的。防病专家提醒群众：要注意饮食卫生，喝开水，不喝生水，生吃瓜果蔬菜要少洗净，饭前便后要洗手，食品要加热煮熟后再吃，生熟分开，防止苍蝇叮咬食物。要搞好三管一灭（管水、管粪、管食品、消灭苍蝇），把好病从口入关。要适当进行免疫接种。

（五）军团菌病

军团菌病是由军团杆菌引起的以肺部感染为主，可合并肺外多个系统受损的一种细菌性疾病。受感染的人和动物排出的军团菌污染环境、土壤和水源成为传染源。其中以各种水源为主要传染源。空调系统带菌也是本病流行的主要原因。感染的途径是经呼吸道感染，各年龄段的人群普遍易感，特别是患有慢性病的或免疫功能低下的，以及长期吸烟者都是易感人群。军团菌病全年均可发生，而以6至10月份发病最多，这与其他的肺炎有着较明显的季节性区别。军团杆菌可以侵犯身体内许多器官，因此其临床表现常是多种多样，轻者就像得了一次感冒，重者则发生高烧和肺炎。

防病专家提醒群众：对家居使用的空调机，经常清洗空气滤网；家庭用的热水管道、淋浴器、加热器等有可能存留水体的地方，注意进行定期清洗；室内空气一定要注意定期通风，绝不能窗户密闭；提高机体抵抗能力。目前，尚无疫苗可有效预防此病。

（六）流行性乙型脑炎

流行性乙型脑炎是由乙脑病毒引起，经蚊传播的人畜共患的中枢神经系统急性传染病。传染源是被感染的人或动物，通过蚊子叮咬而传播。有严格的季节性，流行于6－10月，集中于7、8、9三个月。人群对乙脑病毒普遍易感，但10岁以下儿童最易感染。乙脑的潜伏期为4－21天，一般为14天。感染乙脑后，症状轻重不一：轻者仅出现一般呼吸道疾病症状；重者表现高热、头痛、呕吐、颈项强直、惊厥、意识障碍甚至呼吸衰竭等。

防病专家提醒群众：预防乙脑的关键是灭蚊防蚊、注射疫苗、对猪等动物饲养妥善管理。一旦得了病，就要及早住院治疗。

（七）急性出血性结膜炎

急性出血性结膜炎又称流行性出血性结膜炎，是近30年来世界暴发流行的一种新型急性病毒性眼病。潜伏期短、起病急骤、眼刺激症状重、结膜高度充血，常见结膜下出血及角膜上皮点状剥脱。患者眼结膜泪液、眼分泌物含有大量病毒，是主要传染源，通过患眼—污染病毒的手、物、水—健眼途径接触传播。该病传染性极强，人群普遍易感，发病率高，传播很快，发病集中。本病在夏秋季流行，多见于成人。

要养成勤洗手，不揉眼，分盆的卫生习惯；对病人采取隔离，防止家庭成员间、群体间接触传播，隔离期至少7－10日；“红眼病”患者应避免进入公共场所或参与社交活动；不宜采用集体滴眼药预防眼病。

第三节 家庭用药

一、家庭药箱的备药原则

家庭药箱配备哪些常用药物，原则上应根据每个家庭经济状况、文化层次而定。如文化水平较低、经济条件较差，缺乏一般医学基础知识的家庭，以少备药物为宜；家庭有老人、幼儿或患有慢性病的，根据情况可适当多准备一些家庭用药。

二、家庭用药分类

1. 普通常备药。

此类药物乃指是为解决某些常见普通病症的治疗之需。如复方新诺明、氟哌酸、黄连素、穿心莲、金莲花片、去痛片、复方阿司匹林、克感敏、扑尔敏、银翘片、泰诺、解热感冒颗粒、板蓝根颗粒、安定片、咳必清、咳特灵、川贝枇杷糖浆、甘草片、乳酶生、酵母片、胃舒平、普鲁本辛片、颠茄片、小儿感冒颗粒、关节止痛膏、伤痛一喷灵、创可贴、2%碘酒、75%酒精、云南白药等。

2. 特殊常备药。

系指根据家庭中某个人的特殊病情而应准备的药品。如高血压患者，应备有复方降压片、硝苯地平（心痛定）；冠心病患者应备有保健急救盒、速效硝酸甘油、硝酸异山梨酯、复方丹参片、双嘧达莫（潘生丁）、冠心苏合丸、速效救心丸、麝香保心丸等；慢性支气管炎及支气管哮喘者，应常备氨茶碱、丙卡特罗（美喘清）、沙丁胺醇（舒喘灵）气雾剂等。此外，如有其他特殊情况，也应选择备用。但必须指出，准备这些常备药物时，都应事先经过医生确诊同意使用，并由医生指导服用剂量和方法。切不可滥用，以防药害。

三、家庭常备药物的注意事项

（一）服药注意事项

1. 不要用除白开水以外的其他水送药。茶水中含有咖啡因等物质，属于偏碱性的水溶液，这样用来送药会与某些药物发生化学反应，影响药效的发挥。果汁是酸性的水溶液，这样用来送药，会与某些药物发生化学反应，影响药效的吸收。而且，果汁中含有大量的维生素 C，是一种氧化还原剂，影响到部分药效的发挥，口服用药应用白开水。

2. 对于缓释制剂不要分解药剂后再服用。这样容易破坏药品原有的药效，容易使服药当时吸收的浓度过高，而且也达不到一天平稳地释放药效的作用。像止痛药的茶碱、治疗并的硝苯吡啶就属于这类药。

3. 不要强行给小孩灌药。强迫孩子药灌进去，很容易发生危险。小孩的鼻子被捏住，只能靠嘴巴呼吸，这时溶液易呛进气管和支气管，轻则引起剧烈咳嗽，重则发生吸入性肺炎或药片堵塞呼吸道引起窒息。

4. 服重要药时不能随意加糖。服用重要药时可否加糖，最好询问医生并不要擅自作主。一些重要药是不适宜加糖后再服用的。有些重要药恰恰是利用苦味达到药效的，因此，就不能加糖。凉性的药物可适当加一些白糖，热性的药物可加适量的红糖，这样才不会影响药效。不过，重要的药成分比较复杂，可能会与红糖中的铁、钙等起作用而影响疗效。

（二）家庭药箱需要定期清理

服用过期的药品比不服用更糟，所以家庭小药箱进行定期的清理。

1. 使用原包装。为了便于识别和掌握服用方法、剂量，药品最好用原包装物包装，如果没有，就应选用干净的小瓶装药，并将药品的名称、剂量、有效期等写清楚贴在包装瓶上。

2. 密封。药品用后一定要盖紧瓶盖，以防止空气中的氧气使药品氧化。

3. 避光。西药大多是化学制剂，特别是维生素、抗生素类药品，遇到阳光中紫外线会加速药品变质，遇光后使颜色加深、药效降低，甚至变成毒性物质。

4. 干燥。药品吸收了空气中的水分后便开始缓慢分解失效，所以药应要保持干燥。

5. 阴凉。药品的存放位置应选择在家中最凉爽干燥处，因为药品的化学反应随温度的上升加快。

6. 安全。孩子和精神有异常的病人拿到偷误服，可能会发生中毒，而且药品与消毒、灭蚊、灭蝇药如果混放，可能会发生意外。所以，存放药品必须存放在安全可靠地方。

（三）留存药品注意

很多用剩的药品，因失去了原有保存环境，常常更容易变质，服用后会产生不良反应，所以有些药品不宜保存备用，需要使用以前留存的药品要格外注意。

1. 抗生素。抗生素处方药，必须在医护人员监护或指导下使用，尤其是可导致严重过敏性休克的青霉素类和头孢菌素类抗生素，更要小心使用。

2. 细查易分解变质的药品质量。有些药品容易受到光线、湿度、微生物的影响而被破坏变质，有些甚至产生毒性物质。因此再次使用前要仔细检查药品质量有无裂片，变色、花斑、黏连、结块、沉淀、异味等现象，如果有，一定不能使用。

3. 注意检查药品的有效期。有些药品，超过有效期就会使药品质量下降或变质，降低药效。因此，不要使用有效期已过的药品。家庭用剩的药如果不知道药品的有效期或没有外包装，或不清楚药品使用年限，也不能使用。

4. 必须检查药品的包装。许多药品都需要有闭关防潮的良好包装，拆封后的失去了良好的包装就非常容易变质失效，有的的药品变质是肉眼看不出的剩下很容易污染变质，某些眼药水是临时新配的，配制后久放也会变质失效，不适宜再使用。

5. 隔夜中草药药汤不要喝。煎煮的汤药过夜后会发生沉淀反应，生产难溶于水的化合物从溶液中析出，这些沉淀物会影响中药汤剂中有效成分，天热时还可能发生发酵、馊变等不能再用。

(四) 家庭用药误区

1. 家庭储备药品越多越安全。很多人习惯在家里储备一些药品，品种很多，无论是否用的着，满满的一箱子药。其实，这样的习惯很不好，用药最好的随用随买。

2. 只要对症，用药不必因人而异。拿成人用的药品给孩子服用，以为只要对症就可以治病。其实，有些抗生素对骨骼发育会产生抑制作用，成人可用，但孩子不能吃。

3. 药越贵，越好，剂量越大病好的越快。最昂贵的药不一定是最好的，只有安全、合理地用药才最经济。所以，能吃药的别打针能打针的别输液，能用小剂量的不要用大剂量。

4. 家庭储备药品无须作定时清理，药品的储存与质量关系不大。长期服用高温下软化的降血压药片会产生副作用。不备用的药品，也未注意过家用药品是否要避光、低温保存，这样的做法不可取。

5. 服用过期药品对健康损害不大，吃总比不吃好。很多不良反应中有相当一部分就是服用过过期药品所引起的。

6. 互为禁忌的药品同时服用、随意增减服药剂量。互为禁忌的药品不要同时服用，也不要盲目乱用药，要看清药品的禁忌说明。

7. 随意用药。吃药应听医生的，而不应自我对症诊断，购来使用。用药时应遵医嘱或按照说明书服用，对于需要长期用药的最好在医生的指导下适时调换药物，以防止产生对某一药物的耐药性。

四、家庭用药的安全措施

家庭用药现在很普遍，许多家庭都有常备药。这对小病小伤的自我用药，既方便及时，有经济实惠，这也是我国人民医药卫生知识大普及的必然结果。然而，家庭用药，则必须注意安全。

具体措施：

1. 防止滥用药物；滥用药物就是不论病情轻重异同，不论用药对象是小孩、成人与老人，未弄清是什么疾病与药物的性能，而任意用药。认为“用药总比不用好”，结果轻者无效，延长了治疗时间，重者延误了治疗时机，加重病情，给病人带来痛苦。特别是孕妇与哺乳期妇女，滥用药物可导致畸胎，直接危害母子健康。

2. 尽量少联合用药，有些药物联合使用起相加作用，提高疗效。因此家庭用药最好单品种使用，最多两种联用，尽可能不要合用多品种。

3. 不要忽略药品包装上注明的注意事项；药品的注意事项包括该药的可能不良反应、慎用与忌用，因为衡量药品的疗效时，不能只看到该品的优点、用途，亦应看到其毒性，才能保证用药后既有效又安全。有的厂商为了赚钱的目的，广告宣传中只讲药品的疗效，有意或无意地掩盖药品的不良反应，结果使人受害。

4. 防止药物过敏，凡有过敏体质的人，或过去曾经有过药物过敏史的人，服用药物应格外小心，尤其对磺胺类药物、解热镇痛类（如去痛片）药物，更应警惕。以往对某种药物有过明确的过敏史者，禁止再次使用。

5. 家庭药物应有专人保管，最好放在抽屉里上锁，或者放到药箱里置高处，以免儿童误服、错服、服用过量，发生意外事故。

五、常备药品

配备家庭药箱的目的是为了日常生活中的应急和方便，所以药品要适量、分门别类。以下几大类药物是家庭药箱中必备的，每一类中列出常用药物，可从中选出 2－3 种备用。

（一）感冒药

感冒清热冲剂、小儿感冒冲剂、清热解毒口服液、速效感冒胶囊、银翘解毒丸、清开灵、板蓝根、双黄连、病毒灵、病毒唑、感冒通、克感敏、白加黑、康泰克等。

（二）解热镇痛药

阿司匹林（巴米尔泡腾、阿苯、APC）、扑热息痛（必理通、泰诺、百服宁）、布洛芬（芬必得、美林、托恩）、索密痛、安乃近等。

（三）镇咳化痰药

咳必清、复方甘草片、息可宁、沐舒坦、美可、川贝枇杷露、急支糖浆、止咳糖浆、祛痰灵、痰咳净、氨茶碱、美普清、喘速康等。

（四）清咽消暑药

清咽饮、泰乐奇、哌速清、金喉健、冬凌草片、藿香正气、人丹、十滴水、溶菌酶、西瓜霜、华素片、草珊瑚、金果饮等。

（五）抗菌消炎药

阿莫仙、安奇、先锋Ⅳ、先锋Ⅵ、希刻劳、力欣奇、再克、红霉素、罗红霉素、阿奇霉素（在奇、希舒美、泰力特）、氟哌酸、利复星、环丙沙星、甲硝唑、制霉菌素、达克宁等。

（六）消化系统药

酵母片、表飞鸣、多酶片、妈咪爱、金双歧、整肠生、吗丁啉、胃舒平、颠茄片、黄连素、思密达、开塞露、杜秘克、肝泰乐等。

（七）抗过敏药：扑尔敏、开瑞坦、去氯羟嗪、赛庚啶、苯海拉明糖浆等。

（八）急救药：硝酸甘油、速效救心丸、复方丹参滴丸、心痛定、安定栓剂等。

（九）外用药：安尔碘、碘伏、乙醇、润舒、诺氟沙星、利巴韦林、氯霉素或金霉素、清凉油、扶他林、益富清、风油精、烫伤膏、伤湿止痛膏、皮炎平软膏、百多邦、好得快喷雾剂等。

（十）慢性病患者可根据病情备药，如地高辛、络活喜、异博定、开博通、康可、科素亚、代文、北京降压0号、辛伐他汀、绞股蓝总甙、苯巴比妥、苯妥英钠、丙戊酸钠、卡马西平、妥泰、舒乐安定、谷维素、维生素类（维康福、贝特令、伊可欣、同笑、小施尔康等）。

除了药品外，药箱中最好放一把镊子、剪子，外加创可贴、消毒纱布、棉签、胶布、绷带、体温计，有条件的还可准备血压计、血糖仪、氧气袋。最好再备有一本药物手册和急救知识手册，并记下 120、110 等呼救电话。

建议：在家庭药箱的基础上，再备一个急救小药盒。应急药品可从药箱每一类中选出一种组成。药盒要防水、防潮、并可随身携带，以便应对疾病的突然袭击。提醒家中患病老人独自出门时，一定随身携带急救药品及写有姓名、疾病、家庭地址、联系电话的卡片，以备发生紧急情况时别人可以及时救助。

第四节　急　　救

一、有关病症的急救方法

1. 鼻出血。鼻出血时仰头，非但止不住鼻血，反而会导致鼻血被吸入口腔和呼吸道。正确的做法是用手指捏住两侧鼻翼 4－8 分钟，或用浸了冰水的棉球填塞鼻腔压迫止血。如果这些方法仍不能达到止血目的，应立即去医院就诊。

2. 醉酒。轻度醉酒者，可以让其喝浓茶利尿，加速酒精的排泄。严重醉酒者，可让其喝醋，并用手指压迫其舌根催吐，以减少酒精的吸收。若上述处理效果不明显，则应送医院处理。

3. 中暑。人们长时间暴露在日光下或高温条件下时，由于机体体温调节中枢发生功能紊乱所出现的症候群。表现：全身软弱、乏力、头昏、头痛、面色潮红、皮肤干燥、意识障碍，精神恍忽，肌肉痉挛或昏迷。

急救方法：

（1）将病人搬到阴凉通风处，平卧、松解衣扣，并给病人饮用含盐的凉开水。

(2) 速服人丹、十滴水或前额及太阳穴处涂抹清凉油。

(3) 高热者用冷水、冰水、或20% -30%酒精擦身或在头部、腋下、腹股沟处放置冰袋降温。

(4) 出现呕吐、肌肉痉挛、精神恍惚、血压下降、昏迷，应送医院抢救。

4. 晒伤。夏天外出时，应做好防护工作，比如搽防晒霜、撑遮阳伞等。当皮肤被烈日晒红并出现红肿、疼痛时，可用冷毛巾敷于患处，适当涂一些滋润霜。若皮肤上已有水疱，千万不要挑破，应请医生处理，以免继发感染。

5. 蜂蜇伤。外出一旦被蜜蜂蜇伤，应小心地将残留的毒刺拔出，轻轻挤捏伤口，挤出毒液，涂一点氨水或苏打水。若是被黄蜂蜇伤，涂醋酸水，以中和毒液。局部冷敷可减轻肿痛。若出现恶心、头晕等异常反应，应立即去医院就诊。

6. 游泳时，小腿抽筋。在水中发生小腿抽筋时，立即上岸，伸直腿坐下，用手抓住大足趾向后拉，并按摩小腿肌肉。若不能立即上岸，应保持冷静，屏住气，在水中做上述动作。

7. 不慎咬碎体温表并吞服了水银。体温表内的水银不慎被吞服后，汞会与体内含巯基的酶和蛋白质结合，影响其活性，导致重金属中毒。尽管体温表内的汞含量不多，但服用后也会引起口腔炎、急性胃肠炎，表现为口腔糜烂、溃疡，恶心、呕吐、腹泻等。漱口后喝点蛋清或牛奶，不仅能清除口腔中的残留汞，还能使蛋清或牛奶中的蛋白质与吞服的汞结合，起到保护胃黏膜、减少汞吸收的作用。

8. 外伤出血。

(1) 较小或较表浅的伤口，应先用冷开水或洁净的自来水冲洗，但不要去除已凝结的血块。

(2) 伤口处有玻璃片、小刀等异物插入时，千万不要去触动、压迫和拔出，可将两侧创缘挤拢，并用消毒纱布、绷带包扎后，立即去医院处理。

(3) 碰撞、击打的损伤，有皮下出血，可在伤处覆盖消毒纱布或干净毛巾，用冰袋冷敷半小时，再加压包扎，以减轻疼痛和肿胀。伤势严重者，应去医院。

（4）伤口有出血，可用干净毛巾或消毒纱布覆盖伤处，压迫10－20分钟止血，然后再用绷带加压包扎，以不再出血为度，视情况去医院处理。

9. 刀割伤。

（1）如伤口不大，出血不多，伤口也较干净，伤指仍能作伸屈活动，可用医用碘消毒伤口及其周围皮肤，待干后，用消毒纱布或创可贴覆盖包扎伤口。

（2）若伤口大而深，应压迫止血，同时应立即去医院治疗。

（3）如果手指不幸被切断，应立即将伤指上举，然后用干净的纱布直接加压包扎伤口止血。若血仍外流不止，也可在指根处紧缠止血带止血，并将断指用无菌布料包好，放入干净的塑料袋中。除非断指污染特别严重，一般不要自己冲洗，也不要用任何液体浸泡断指，立即去医院救治。

10. 烫伤。一旦发生烫伤，应立即用冷水冲洗或冷敷烫伤部位，持续15分钟左右，以缓解疼痛，减轻烫伤程度。不要擅自在伤口处涂药，更不能用涂酱油、植物油等土办法处理伤口。若烫伤处有水疱，不要挑破，用干净纱布覆盖，去医院处理。

11. 骨折。确定有骨折后，一定要对伤肢（指）作固定再送医院，否则骨折断端异常活动，会加重损伤。可因地制宜用木板、树枝、竹竿、杂志等作为固定用的临时夹板。若无上述材料，可将上肢固定在躯干上，下肢固定在对侧的健肢上。

12. 气胸。有些人，特别是老年慢阻肺患者，在用力咳嗽、剧烈运动或大笑后，会发生气胸，出现胸痛、深吸气时加剧，并放射到肩背部，严重时，还会出现呼吸困难、血压下降等紧急情况。遇到这种情况，禁忌拍背和搬动患者，以免加重气胸。应让患者取半卧位，如家中备有氧气，应马上吸氧，同时叫救护车。

13. 癫痫发作。在救护车到来之前，可让患者的头侧向一边，以防止呕吐物窒息。随后，找一把金属调羹等不易咬碎的东西塞进患者的上下牙之间，防止舌咬伤。对于成年人，最好在硬东西上裹一层毛巾或手帕，以免咬掉牙齿。

14. 猫狗咬伤。一些人被动物抓咬后，身上只留有牙印或爪痕，认为没伤口就不必处理，这种做法其实是很危险的。因牙印或爪痕可能造成肉眼看不到的皮肤损伤，狂犬病病毒也有可能从伤口侵入。

应注射狂犬疫苗，注射疫苗应及早、足量。患者必须于咬伤当天，咬伤后第 3 天、第 7 天、第 14 天、第 30 天各肌肉注射一支疫苗。一定要注射在上臂三角肌或大腿内侧，不能注射在臀部，以免影响疫苗效果。全程注射完毕 10 日后，应抽取静脉血做抗体检测。如果抗体滴度达到或超过 3 单位/毫升的标准，即代表获得免疫效果，如低于标准，应适当增加接种针数，以确保达到防病效果。

15. 误服灭鼠药。灭鼠药毒性成分不同，误服后的临床表现各异，如胃部不适、呕吐、腹泻、抽搐等，严重的可出现昏迷。喝水稀释等方法皆难奏效，送医院急诊洗胃或对症处理才是上策。

16. 踝扭伤。踝关节扭伤后，不要继续行走，也不要揉搓、转动受伤关节，以免进一步加重损伤。应立即用冷毛巾或冰块敷患处，有利消肿、缓解肌肉痉挛。24 小时后方可改为热敷。如果怀疑有内出血，最好用弹性绷带加压包扎，但不要过紧，以免妨碍包扎部位以下的血液循环。如果怀疑有骨折，最好用夹板或就近找木棍固定受伤的踝关节，并尽快去医院就诊。

17. 呼吸停止（人工呼吸）。首先，让伤病员仰卧，将其头后仰，确保呼吸道畅通。若其口内有血块、呕吐物等异物时，应尽快取出。随后做人工呼吸：抢救者先深吸一口气，然后捏住患者的鼻子，口对口像吹气球样为其送气，注意不要漏气。每隔 5 秒吹一次气，反复进行。遇到嘴张不开或口腔有严重外伤者时，可从其鼻孔送气做人工呼吸。

（1）心跳停止（胸外按压）。先让患者躺在硬板床或平整的地上，解开其上衣，抢救者将一只手的掌根置于其胸骨下 1/3 的位置，另一只手重叠压在手背上。抢救者两臂保持垂直，以上身的重量连续向下按压，频率为每分钟 70 次左右。按压时，用力要适中，以每次按压使胸骨下陷3－5厘米为度。手掌始终不要脱离按压部位。

（2）心跳呼吸全无（心肺复苏）。呼吸和心跳停止后，大脑很快会出现缺氧，4分钟内将有一半的脑细胞受损。超过5体分钟再施行心肺复苏，则只有1/4的人可能救活。实施心肺复苏时，先用拳头有节奏地用力叩击患者前胸左乳头内侧的心脏部位2－3次，拳头抬起时，离胸部20－30厘米，以掌握叩击的力量。若脉搏仍未恢复搏动，应立即连续做4次口对口人工呼吸，接着再做胸外心脏按压。一人施行心肺复苏时，每做15次心脏按压，再做次人工呼吸。两人合作进行心肺复苏时，先连做4次人工呼吸，随后，一人连续做5次心脏按压后停下，另一人做一次人工呼吸。

18. 煤气中毒。当发现有煤气泄漏时，正确的做法是立即关闭煤气，开窗透气。抢救者在进入溢满煤气的房间前，应先吸足一口气，然后用湿毛巾或手帕捂住口鼻，以防自己中毒。在煤气没有散尽前，不要开灯、按电铃、打电话或使用打火机等，以免引发爆炸。然后，将中毒者移到通风的地方，松开中毒者的衣领、裤带。观察其意识、心跳和呼吸情况。如已没有心跳和呼吸，立刻进行人工呼吸和胸外按压；如还有心跳、呼吸，应立即拨打急救电话，送医院进行高压氧治疗，以免留下后遗症。

19. 溺水。救护溺水者时，必须用救生圈、球或木板等，除专职救生员外，即使会游泳的人，也不要徒手接近溺水者。溺水者获救后，应立即检查其呼吸、心跳。如呼吸停止，应马上做人工呼吸，先口对口连续吹入4口气，在5秒钟内观察其有无恢复自主呼吸，如无反应，则应接着做人工呼吸，直至其恢复自主呼吸。如溺水者呼吸、心跳全无，应立即实施心肺复苏。如溺水者喝入大量的水，可在其意识清醒时，用膝盖抵住其背部，一手托住上腹部，另一手扒开其口让其吐水，或救护者单腿跪地，让溺水者脸朝下伏于膝盖上吐水。

20. 气道异物（手捏喉咙、面容窘迫、恐惧等是气道异物的典型症状）。

自救：

(1) 用力咳嗽法。先吸一口气，然后用足力气咳嗽，有时就可把异物从气道内咳出。

(2) 腹部手拳冲击法。将右手拇指关节突出点顶住上腹部，相当于剑突与脐之间腹中线部位，左手紧握右手，然后用力向内做 4－6 次连续快速冲击。

互救：

抢救者站在患者侧后位，一手放置于患者胸部，另一手掌根部对准患者肩胛区脊柱上，用力给予连续 4－6 次急促拍击。

婴幼儿急救：

让患儿骑跨并俯卧于急救者前臂上，头要低于躯干，将其胳膊放在自己大腿上，用另一手掌根部用力叩击患儿的肩胛区 4－6 次。

21. 颈椎损伤。如果怀疑伤员颈椎有损伤，应平抬伤员至担架上，专人牵引、固定其头部，并上颈托。一时无颈托时，应在伤员的颈部两侧各放一只沙袋或衣物，以防头部扭转或屈曲导致颈椎损伤加重。

22. 脊柱骨折。应由 3－4 人在同一侧同时托住伤员的头、肩、臀和下肢，把伤员平托起来，平卧在木板上，并用绷带加以固定。伤者最好取俯卧位，并在胸腹部放一软枕。严禁采用“搬头搬脚”的抬抱方式移动或搬运伤者，也禁用普通的软担架搬运。

23. 头部撞伤。若伤员伤势较重，已昏迷，抢救者应立即清除其口腔内的呕吐物和血块，将其头转向一侧，牵拉出舌头，以防窒息。血液沿鼻腔和耳道流出时，切勿用棉球、纱布或其他物品堵塞。

需要提醒的是，有时候，人不慎摔倒，枕部着地，表面看来局部无任何皮损，但颅底却已发生骨折。伤者发生颅底骨折后，很快会因颅内出血而出现呼吸困难、恶心呕吐、昏迷等严重症状。因此，当头部被击，伴恶心、呕吐、耳鼻腔出血时，应立即就医。

24. 触电。当发现有人触电时，尽快找到电闸，切断电源是当务之急。如果暂时找不到电源，可就近找一样绝缘的东西，如木棍或塑料管子，挑开触电者与电源的接触，然后检查触电者的反应。如果发现其已经没有了心跳和呼吸，应立即就地对其进行人工呼吸和胸外按压，同时让别人拨打急救电话。

25. 毒蛇咬伤。

抢救：

（1）要争分夺秒抢救，不惊慌奔走。

（2）要用橡皮带或布条结扎伤口近心端的上方，阻止毒液吸收。

（3）要结扎后用自来水或冷开水冲洗伤口。

（4）要冲洗后用小刀切开成十字形，进行扩创排毒。

26. 烫伤。

治疗和预防：

（1）小面积1度-2度的烫伤，应立即使用自来水冲洗或井水冲洗。

（2）有水疱或以后出现水疱或者头部、五官、呼吸道、手、会阴部特殊部位的烫伤要到医院正规治疗。

（3）创面上的水疱应尽量保护，以免破裂而感染。

（4）烫伤面要切忌自行涂药。

27. 击伤（触电）。人体直接接触电源或高压电经过空气或其他导电介质传递电流，通过人体时所引起的组织损伤或者功能障碍，主要表现为呼吸停止及心室纤颤，严重者甚至死亡。

原因：

（1）缺乏安全用电的知识，带电作业。

（2）不懂用电知识就进行自行检修。

（3）电器绝缘性能差，或者接触不良而漏电。

（4）意外电击或者自杀。

现场急救：

（1）应立即切断电源。

（2）就地抢救：进行口对口人工呼吸、胸外心脏按压。

预防：

（1）要增强用电安全意识，不带电作业。

(2) 发现电线、电器、灯具、破损漏电时，应及时维修或更换。

(3) 不用湿手接触电器用具，不在电线上面晒衣服，雷雨时避免在田野中行走或大树下躲雨。

此外，当意外发生时，如果身边没有医用急救物品，就会错失急救的良机。其实，只要开动脑筋，完全可以因地制宜。

1. 长筒袜：可在应急处理时可以作绷带用。

2. 领带、裤腰带：在骨折时，可以固定夹板或当止血带用。

3. 干净浴巾：可以作三角巾或厚敷料用。

4. 手帕、手巾：用电熨斗充分熨烫或在湿的情况下用微波炉高火消毒，可以作消料用。

5. 杂志、尺、厚包装纸、伞、手杖：在骨折时可以当作夹板用。

6. 保鲜膜：除去表面几圈后，可以直接覆盖在破溃的创面上，起暂时的保护作用，保鲜袋也可起类似作用。

7. 安全套：轻薄而且含有润滑剂是非常理想的割伤烫伤等伤口覆盖物。

二、止血方法

为更加适应现场及时、有效地抢救外伤出血伤员的需要，介绍以下几种简便有效的止血方法。

(一) 指压止血法

指抢救者用手指把出血部位近端的动脉血管压在骨骼上，使血管闭塞，血流中断而达到止血目的。这是一种快速、有效的止血方法。止住血后，应根据具体情况换用其他有效的止血方法，如填塞止血法，止血带止血法等。这种方法仅是一种临时的，用于动脉出血的止血方法，不宜持久采用。下面是根据不同的出血部位采用的不同的指压止血法。

1. 颞动脉止血法：一手固定伤员头部，用另一手拇指垂直压迫耳屏上方凹陷处，可感觉的动脉搏动，其他四指同时托住下颌；本法用于头部发际范围内及前额、颞部的出血。

2. 颌外动脉止血法：一手固定伤员头部，用另一手拇指在下颌角前上方约1.5厘米处，向下颌骨方向垂直压迫，其他的四指托住下颌；本法用于颌部及颜面部的出血。

3. 颈动脉止血法：用拇指在甲状软骨，环状软骨外侧与胸锁乳突肌前缘之间的沟内搏动处，向颈椎方向压迫，其他的四指固定在伤员的颈后部。用于头、颈、面部大出血，且压迫其他部位无效时。非紧急情况，勿用此法。此外，不得同时压迫两侧颈动脉。

4. 锁骨下动脉止血法：用拇指在锁骨上窝搏动处向下垂直压迫，其他的四指固定肩部。本法用于肩部，眼窝或上肢出血。

5. 肱动脉止血法：一手握住伤员伤肢的腕部，将上肢外展外旋，屈肘抬高上肢；另一手拇指在上臂肱二头肌内侧沟搏动处，向肱骨方向垂直压迫。本法用于手、前臂及上臂中或远端出血。

6. 尺、桡动脉止血法：双手拇指分别在腕横纹上方两侧动脉搏动处垂直压迫。本法用于手部出血。

7. 股动脉止血法：用两手拇指重叠放在腹股沟韧带中点稍下方、大腿根部搏动处用力垂直向下压迫。本法用于大腿、小腿或足部出血。

8. 腘动脉止血法：用一手拇指在腘窝横纹中点处向下垂直压迫。本法用于小腿或者足部出血。

9. 足背动脉与胫后动脉止血法：用两手拇指分别压迫足背中间近脚腕处（足背动脉），以及足跟内侧与内踝之间处（胫后动脉）。本法用于足部的出血。

10. 指动脉止血法：用一手拇指与食指分别压迫指根部的两侧，用于手指出血。

（二）加压包扎止血法

伤口覆盖无菌敷料后，再用纱布、棉花、衣服等折叠成相应大小的垫，置于无菌敷料上面，然后再用绷带、三角巾等紧紧包扎，以停止出血为度。这种方法用于小动脉以及静脉或毛细血管的出血。但伤口内有碎骨片时，禁用此法，以免加重损伤。

（三）填塞止血法

用无菌的棉垫、纱布等，紧紧填塞在伤口内，然后用绷带或三角巾等进行加压包扎，松紧以达到止血目的为宜。本法用于中等动脉。大、中静脉损伤出血，或伤口较深、出血严重时，还可直接用于不能采用指压止血法或止血带止血法的出血部位。

（四）止血带止血法

四肢较大动脉出血时救命的重要手段，用干其他止血方法不能奏效时。如使用不当可能出现肢体缺血、坏死，以及急性肾功能衰竭等严重并发症。

1. 结扎止血带的操作方法。

（1）充气止血带。如血压计袖带，其压迫面积大，对受压迫的组织损伤较小，并容易控制压力，放松也方便。

（2）橡皮止血带。可选用橡皮管，如听诊器胶管，它的弹性好，易使血管闭塞，但管径过细易造成局部组织损伤。操作时，在准备结扎止血带的部位加好衬垫，以左手拇指和食、中指拿好止血带的一端，另一手拉紧止血带围绕肢体缠绕一周，压住止血带的一端，然后再缠绕第二周，并将止血带末端用左手食、中指夹紧，向下拉出固定即可。还可将止血带的末端插入结中，拉紧止血带的另一端，使之更牢固。

（3）绞紧止血法。如无橡皮止血带，可根据当时情况，就便取材，如三角巾、绷带、领带、布条等均可，折叠成条带状，即可当做止血带使用。上止血带的部位加好衬垫后，用止血带缠绕，然后打一活结，再用一短棒、铅笔等的一端插人活结一侧的止血带下，并旋转绞紧至停止出血，再将短棒、筷子或铅笔的另一端插入活结套内，将活结拉紧即可。

2. 注意事项。

（1）止血带不宜直接结扎在皮肤上，应先用三角巾、毛巾等做成平整的衬垫缠绕在要结扎止血带的部位，然后上止血带。

（2）结扎止血带的部位在伤口的近端（上方）。上肢大动脉出血应结扎在上臂的上 1/3 处，避免结扎在中 1/3 处以下的部位，以免损伤桡神经；下肢大动脉出血应结扎在大腿中部。而在实际抢救伤员的工作中，往往把止血带结扎在靠近伤口处的健康部位，有利于最大限度保存肢体。

（3）结扎止血带要松紧适度，以停止出血或远端动脉搏动消失为度。若结扎过紧，可损伤受压局部，结扎过松，达不到止血目的。

（4）为防止远端肢体缺血坏死，原则上应尽量缩短使用止血带的时间，一般止血带的使用时间不宜超过 2－3 小时，每隔 40－50 分钟松解一次，以暂时恢复远端肢体血液供应。松解止血带的同时，仍应用指压止血法，以防止再度出血。止血带松解 1－3 分钟后，在比原来结扎部位稍低平面重新结扎。松解时，如仍有大出血者或远端肢体已无保留可能，在转运途中可不必再松解止血带。

（5）结扎好止血带后，在明显部位加上标记，注明结扎止血带的时间，并尽快运往医院。

（6）解除止血带，应在输血输液和采取其他有效的止血方法后方可进行。如组织已发生明显的广泛坏死时，在截肢前不宜松解止血带。

三、呼吸急救

生理学家早就指出，人体对于氧气的需求是很高的，尤其是娇嫩的脑组织和勤劳的心肌。如果体内血液循环停止，就意味着血液供应中断，而脑的剩余氧气仅够脑细胞用 10 秒钟，心脏的剩余氧只够心脏心缩跳动几下。

身体内没有氧库，脑细胞在常温下如果缺血缺氧 4 分钟以上，就会受到损伤，超过 10 分钟，脑细胞损伤十分严重，几乎是“不可逆”的。这样，即使侥幸被救活，智力也将受到极大影响，甚至成为没有任何意识的“植物人”。所以国内外专家们几乎众口一词地提示我们：循环停止 4 分钟内实施正确的 CPR 效果好；4－6 分钟予以 CPR 者，部分有效；6－10 分钟行 CPR 者，少有复苏者；超过 10 分钟者，几乎无成功可能。

由此可见，遇到心跳呼吸停止的病人，在医生到达之前，要抓住宝贵时间，立即进行心肺复苏。此时“时间就是生命”表达最为准确。心肺复苏分为心复苏——恢复心跳，肺复苏——恢复呼吸。下面分别给以介绍。

（一）心脏复苏术即是恢复心跳的方法

用人工的力量来帮助心脏跳动，最终达到自主心跳的目的。心复苏术过去只提到心脏挤压（按摩）的方法。这里要强调的是在挤压前，还有一个重要的内容即胸外叩击。为了说明这一抢救措施，有必要先简单地介绍一下正常的血液循环的知识。

1. 血液循环的概念。

心血管系统是由心脏、动脉、静脉、毛细血管组成。心脏是血液流动的动力泵，动脉将心脏排出的血液送往全身，营养组织细胞。动脉血内血氧含量高，呈鲜红色。动脉又分为大、中、小动脉，管壁由收缩性较强的平滑肌纤维组成，可以协调心脏将血液一浪一浪地输送到毛细血管网。

静脉收集来自全身各处的毛细血管网的血液，送回心脏，静脉也分为大、中、小静脉。静脉血含二氧化碳较多，呈暗红色。静脉自下而上回流靠静脉瓣和肌肉收缩的作用。

毛细血管处于动静脉之间，管壁最薄，管径最小，遍布全身，是微循环的主要组成部分，也是物质和气体交换的场所。

维持全身血液的川流不息的主要动力来自心脏正常的工作。心脏有规律地收缩，在舒张时，血液汇集至心脏；收缩之时，血液被挤向动脉全身。因为种种病因引起心脏收缩舒张功能严重紊乱，出现一种称为“心室纤维性颤动”的心律失常时，生命岌岌可危。

2. 心室颤动——心复苏的信号。

正常时心跳节律整齐，强弱一致，均匀地不休止地跳动。心脏一般近似本人拳头大小，一昼夜能排出 7 吨多重的血液。心脏总共只有 200 多克，它能做这么大的功，原因之一也归功于心脏传导系统。

当心肌和心脏传导系统发生严重病变时，心脏就会发生节律紊乱，心房心室“各自为政”，心肌纤维跳动失去节律。这时的心脏没有收缩舒张功能，出现一种称为心室纤颤的现象。人在临终前心脏往往处在“室颤”这一阶段，稍一拖延心脏就彻底停止跳动。室颤时在心电图上可以看到弯弯曲曲的图形，临床上只能靠经验来判断。室颤到心跳停止之间非常短暂，胸前叩击就是消除室颤的一种简便方法。

3. 胸外叩击法。

在某些严重伤病和意外发生时，病人呼吸微弱，面色苍白青紫，大叫一声，全身抽动，口吐白沫，神志不清，这就很可能是发生了室颤。一般急性心肌梗塞、药物中毒、淹溺病人可以见到。

怀疑病人发生室颤时，应立即将手握成拳状，在胸骨中下段，距胸壁 15－25 厘米，较为有力地叩击 1－2 下。相当于 100－200 焦耳的直流电，有时可以起到除颤的作用，使病人恢复心跳和神志。叩击无效则不再进行，随即进行胸外心脏挤压。

室颤一般是用除颤器去除，这在装备良好的救护车和医院里不难做到，称“非同步电击除颤”。在家庭中，拳头的叩击有时也能发挥奇特的除颤作用。

4. 病人的体位。

进行胸外心脏挤压的病人应取平卧位。根据当时的情况，不要乱加搬动，可以尽量就近就便。这里，特别要指出的是平卧的具体情况。我们发觉在家庭争救中，常常是“卧不恰当”，如病人平卧在沙发床、棕床上。病人卧在柔软的物体上，直接影响了胸外心脏挤压的效果。因此，必须将病人尽可能在平卧在“硬”物体上，如地板上、木板床上，或背部垫上木板，这样才能使心脏挤压行之有效。

5. 胸外心脏挤压的方法。

救护人站（或跪）在病人一侧，左手放在胸骨中下段，这个部位相当于两乳头连线正中间。有口诀曰“中指对凹膛，当胸一手掌”，即指将手的中指对着病人颈部下方的凹陷处（相当于天突穴位），手放在胸廓的正中处，手掌的根部正好是挤压的部位。另一只手压在左手上以助其加压。双手重叠再凭借救护人体重的力量，有节奏地冲击性地进行挤压使胸廓下陷3－5厘米，然后放松，反复进行，每分钟挤压60－80次，坚持挤压到心脏恢复自主跳动。挤压速度可根据情况（小儿、老年人，运用上述速度无效）提高到每分钟100次左右，有时可见效。目前，有一种胸外心脏挤压器又叫心脏泵，逐渐代替了徒手心脏挤压的功能。

应该注意的是，进行挤压时不是整个手掌施压，而是手掌的掌根部用力，并应局限在胸骨下段，不可范围过大，以免压断肋骨，刺伤心肺或扩展到肝脾的破裂损伤。

当胸外心脏挤压有效时，可摸到脉搏的搏动，尤其是颈动脉搏动，随挤压节律出现。当感觉病人的脉搏已恢复，表明心复苏成功，可以停止进行心脏挤压，否则继续进行。

心脏挤压常与口对口人工呼吸同时进行，每吹一口气，做5次心脏挤压。如一人操作，可以先吹两口气，再体积10次心脏挤压。

对儿童进行心肺复苏时，心脏挤压只用一只手，婴幼儿只用两个手指。用力要轻，深度2.5－3.0厘米即可（婴幼儿15－2.0）。每分钟挤压100次。与人工呼吸同时进行者，每吹2口气，挤压15次，挤压部位在胸骨的中段。

当胸外心脏挤无效还可送医院做开胸心脏挤压术，但在送院的过程中不得停止胸外心脏挤压。

口对口吹气，就是口对口人工呼吸。当病人呼吸停止，而心跳也随之停止或还有微弱的跳动，用人工的方法帮助病人进行呼吸活动，达到气体交换的目的。口对口人工呼吸常用在溺水、煤气中毒、缢死呼吸停止的现场。等医生到来时，取而代之以人工呼吸机辅助呼吸。人工呼吸对挽救以上病人的生命是举足轻重的，否则即使心跳恢复了，呼吸不恢复，心跳也不能持久。所以在心肺复苏过程中，心脏挤压和建立人工呼吸缺一不可。

（二）呼吸的过程

呼吸过程，我们可从呼吸通路和呼吸内容这两个方面来了解。

呼吸通路确切讲应包括整个呼吸系统。鼻腔（也包括口腔）是呼吸系统的大门，然后是咽喉。咽喉是气管和食管的叉路口，气体和食物在此分道扬镳，各奔前程。再往下是喉，然后是气管、支气管、细支气管。咽喉到气管任何部位的梗阻都可以引起呼吸停止。气管连同它无数细微分支，像一棵枝叶繁茂的大树，因而在医学上称之为支气管树。但它是一棵根向上、树枝朝下的空心树。左右支气管像这棵树的两个大分枝，经过几级分支到末端为肺泡。

肺泡，是无数个像葡萄珠一样的空泡，组成肺脏。肺泡与终末支气管相通，是直接进行气体交换的场所。充满气体的肺泡使肺脏柔软而有弹性。肺泡与肺泡之间有丰富的毛细血管，肺泡的壁与毛细血管壁紧密相接，壁上有微小的孔隙使气体交换来去自由。进入肺脏的氧气由肺泡入毛细血管；组织细胞呼出的二氧化碳从毛细血管到达肺泡。呼吸内容可以用一句话来概括，即吸入氧气，呼出二氧化碳。肺脏经过“吐故纳新”后，血液携带着新鲜氧气流遍全身，供应细胞的需要，进行极其重要的生命活动。

（三）人工呼吸

20 世纪 60 年代之前，人工呼吸大多采用间接压迫肺脏的方法，如俯卧压胸人工呼吸法，但效果很差，现已不用。近 20 年来，国内外大力推广口对口吹气式人工呼吸法。事实证明，这种方法简便易学，并且效果可靠。具体操作方法如下：

步骤之一：病人仰卧，头后仰，颈下可垫一软枕或下颌向前上推，也可抬颈压额，这样使咽喉部、气道在一条水平线上，易吹进气去。同时迅速清除病人口鼻内的污泥、土块、痰、涕、呕吐物等等，使呼吸道通畅。必要时用嘴对嘴吸出阻塞的痰和异物。解开病人的领带、衣扣，包括女性的胸罩，充分暴露胸部。

步骤之二：救护人员深吸一口气，捏住病人鼻孔，嘴对嘴将气吹入，然后观察病人胸廓的起伏，每分钟吹气 12 – 16 次。如果口腔有严重外伤或牙关紧闭，可对鼻孔吹气即口对鼻人工呼吸。救护者吹气力量的大小依病人具体情况而定。一般以吹气后胸廓略有起伏为宜。

怀疑有传染病的人可在唇间覆盖一块干净纱布。口对口吹气应连续进行，直到病人恢复自主呼吸或确诊已死亡者方可停止。

有条件者实行面罩人工呼吸法及气管插管加压人工呼吸法，这是最有效的人工呼吸法，一般由医务人员实施。

（四）心脏挤压与人工呼吸协调进行

心肺复苏术包括心脏挤压和人工呼吸两方面，缺一不可。人工呼吸吸入的氧气要通过心脏挤压形成的血液循环流经全身各处。含氧较多的血滋润着心肌和脑组织，减轻或者消除心跳呼吸停止对心脑的损害，进而使其复苏。

在现场，如为两人进行抢救，一人负责心脏复苏，一人负责肺复苏。具体步骤为一人做 5 - 10 次心脏挤压（60 - 80 次/分钟频率），另一人吹一口气（12 - 16 次/分钟频率），同时或交替进行。但要注意正吹气时避免做心脏挤压的压下动作，以免影响胸廓的起伏。

如现场只有一人救护，也可以按两人步骤进行，吹一口气，做 5 - 10 次心脏挤压，交替进行，效果也很好，只是单人操作易疲劳。

现在也有一些书籍中提到心肺复苏只有一人操作时，可做两次口对口吹气，然后做 15 次心脏挤压。实践和研究表明两种方法同样有效。

无论是什么情况，如果单一采用挤压或吹气，对于心跳呼吸骤停病人是无效的。这里要强调的是：心脏挤压与口对口吹气须同时协调进行。

四、现场急救

当人们遭受意外伤害或突发疾病时，在送医院治疗或专业医务人员未赶到之前，施救者按医学急救原则利用现場能提供的人力、物力，及时恰当地处理伤病者，并给予紧急性和临时性的救护措施。

（一）现场急救原则

1. 应沉着大胆，细心负责，分清轻、重、缓、急、果断实施急救方法。

2. 应先处理危重病人，再处理较轻病人；在同一患者中，先救治生命，再处理局部。

3. 要观察现场环境，确保自己及伤者的安全。

4. 充分运用现场可供支配的人力和物力来协助急救。

（二）现场急救步骤、措施

判断患者生命是否有危险。

(1) 有无意识。

(2) 有无呼吸。

一看伤病者胸部（或上腹部）有无起伏；

二听伤病者口、鼻有无呼吸的气流声；

三感觉有元气流吹拂面颊感。

(3) 有无脉搏（颈动脉，股动脉）。

①检查颈动脉应该轻柔触摸，注意不可以用力压迫。避免刺激颈动脉窦引起迷走神经兴奋而反射性地引起心跳停止。

②为判断准确，可先后触摸双侧颈动脉，但注意禁止两侧同时触摸。以防阻断脑部血液供应。

(4) 有无大出血。

动脉出血：鲜红色的血液从伤口处大量喷出；

静脉出血：暗红色的血液从伤口处缓缓涌出；

毛细血管出血：呈渗出状，血色鲜红。

（三）搬运患者

原则：

1. 尽可能不移动患者，当场施救；

2. 必须搬运时，尽可能多的人搬运；

3. 不得不单独搬运时，请人帮忙搬运。

如果有门板等物，可以将伤者放在上面搬运。用坐垫固定住颈部。严禁躺在软床垫上，因为这样会造成颈部或者脊肌弯曲。

单独搬运时双臂从患者身后插入腋下，紧紧握住患者的一只手臂，尽量平稳进行搬运。

【注意事项】

1. 脊椎骨折是很危险的，不要弯曲、扭动患者的颈部以及身体。

2. 不要接触患者的伤口。

3. 要使患者身体放松。

4. 尽量将患者搭到挡架或平板上进行搬运。

（四）求救

1. 呼叫旁人共同进行施救；

2. 怎样去叫救护车。

紧急呼救　免费急救电话“120”。

报警内容：

（1）地—清楚地址；

（2）物—明显目标；

（3）人—伤患状况；

（4）事—已做处理；

（5）时—发生时间。

勿先挂断电话。

（五）紧急救助

1. 急救体位：让伤病者仰卧在坚硬平面上，并摆好仰卧体位。

双人抢救体位：一人跪于伤病者头部水平位，行人工呼吸，另一人跪于伤病者胸部水平位，并行胸外心脏挤压。

2. 保持呼吸道通畅。

方法：

仰头抬颏法（无颈椎损伤，手不能压软处）；

托下颌法（疑有颈椎损伤者安全）；

仰头抬颈法（越小的孩子抬颈角度越小）。

【注意事项】

（1）手指不要深压颏下软组织，以免阻塞气道。

（2）不能过度上举下颏，以免口腔闭合。

（3）口腔内有异物或呕吐物，应立即将其清除，但不可占用过多时间。

（4）头部后仰的程度是以下额角与耳垂间连线与地面垂直为正

确位置。开放气道要在3－5秒钟内完成，而且在心肺复苏全过程中，自始至终要保持气道通畅。

3. 口对口人工呼吸。

（1）头后仰—拇指与食指捏住鼻子—张大嘴吸气—深吸气后快吹（空气中CO_2含为0.4%，呼出的为4%，快吹时为2%，可刺激呼吸中枢）。

（2）口对口或口对鼻。

（3）平稳吹气约2秒钟。

（4）吹气量以明显看到胸部起伏即可。如无法通气，重新打开呼吸道，再做一次人工呼吸。

吹气频率：10－12次/分（只人工呼吸）

配合心脏按压：按压15次，吹气2次（15:2）

吹气量：700－1000ml/次

人工通气有效标志：吹气时可见胸廓升高，呼气后复原；救治者吹气时可感知病人气道阻力呈规律性升高；听到或感受到呼出气流。

4. 口对口人工呼吸会不会传染疾病？

当患者嘴边有血液和施救者口腔内有损伤时最好不要做口对口人工呼吸。如心理有顾虑，可用手绢或纱布蒙住患者的嘴再进行人工呼吸。

5. 心脏按摩（胸骨压迫）。

确定心脏按摩的部位。

病人仰卧于硬板床或地面上，用拳头中等力度叩击病人胸骨下段1－2次，观察病人的心跳是否恢复。

- 按压部位：

胸骨中下1/3交界（胸骨下角上2横指）。

- 按压方法：

术者位于患者一侧，两臂伸直与患者垂直，左手掌根部紧贴患者胸部，右手叠加其上，利用术者上身的重量下压。放松力量，但手掌不要离开胸部，使胸骨自行恢复原位后再次按压。

- 按压频率：100 次/分钟；
- 按压/通气比率：单人或双人 CPR 均为 15:2；
- 按压深度：病人胸骨下陷 4 - 5cm。

再评估生命体征

四个周期吹气/按压后（约一分钟后）

再检查循环体征

- 没有循环征象：继续按压
- 有循环征象：

没有呼吸：人工呼吸

有呼吸：无意识—检查身体，采取复苏姿势

有呼吸：有意识—检查身体。

【注意事项】

（1）不要曲肘，或用臂力进行按压。因为这样不但效果不好，还有可能造成内脏破裂和肋骨骨折。

（2）用力不能过大，以免造成肋骨骨折及气胸发生。

（3）注意每次按压的效果，即每次按压时均可触及大动脉的搏动。

（4）心脏按摩与人工呼吸必须持续进行，直到呼吸与脉搏充分恢复（脉搏 60 次/分以上，呼吸 16 次/分以上），或救护车和医生到来。

6. 如何判断救助的效果？

- 昏迷变浅，出现各种反射；
- 身体出现无意识的挣扎动作；
- 自主呼吸逐渐恢复；
- 触摸到规律的颈动脉搏动；
- 面色转为红润；
- 双侧瞳孔缩小、对光反应恢复。

（六）大出血时—紧急止血

1. 直接加压止血。

（1）用纱布、手绢、棉花等盖住整个伤口，用力按压。或用手直接按压住伤口止血。

（2）止血粉止血。将止血粉直接撒在出血的创面上，再用干消毒纱布包扎，达到止血的目的。

2. 间接按压止血。

用手按压在动脉上阻断动脉血运，达到止血目的。

应用范围：头部、颈部、四肢动脉出血。

方法：在伤口近心端动脉搏动处，通过手指将动脉压在邻近的骨面上而止血。

注意点：准确掌握动脉压迫点，压制力度要适中，压迫时间10－15分钟。

（1）止血带止血法——用于四肢外伤引起的出血。橡皮带止血法：在出血处的近心端用纱布或衣服、毛巾等柔软织物做衬垫，然后在其上扎橡皮带止血。

（2）绞棒止血法—— 用三角巾、绷带、手帕、纱布等柔软织物折成带状，缠绕在伤口近心端，在动脉行走的背侧打结，然后用小木棒插入绞紧直到止血为止。

【注意事项】

1. 无论是哪种出血，外出血时都必须立即用直接加压法止血。

2. 将伤口抬高至高于心脏的位置。

3. 绑止血带时，应每隔30分钟将止血带放松一次，让少量血流通过。

（七）包扎

快速、准确地将伤口用纱布、绷带，三角巾等包扎起来，起到快速止血、保护伤口，防止污染作用，有利于转送进一步治疗。

包扎材料：

急救包、三角巾、绷带、四头巾或毛巾、手绢、布块等柔软织物替代。

包扎方法：

螺旋形法：用于肢体粗细相等部位。

三角巾包扎法：大面积创伤、不同部位的包扎。

（八）骨折急救固定

骨折：骨组织在受到外力作用后，部分或完全损伤叫骨折。

骨折分为闭合性骨折和开放性骨折两类。

1. 判断有无骨折：当疼痛得不能动时，可按骨折进行处理。

2. 固定材料：

（1）夹板：制式夹板，临时夹板。

（2）敷料及衬垫：棉花、纱布、衣服、毛巾等。

（3）固定夹板材料：三角巾、绷带、手帕及其他系带。

3. 固定原则：

（1）注意伤员全身情况：出现呼吸心跳骤停或休克时先抢救伤员生命。

（2）有伤口和出血时，先止血、消毒、包扎伤口，但不要移动伤口。然后骨折固定。

（3）现场处理骨折的肢体：大体复位固定，达到制动目的就行，便于搬运。

（4）开放性骨折切不可将外露骨折端送回伤口内，以免增加感染机会。

（5）夹板长度必须超过骨折部位的上下两个关节，固定时捆帮上端后捆帮下端。

（6）固定应牢固可靠，不可过松，也不可过紧。

（九）各部位外伤的应急处理

1. 头部外伤（脑外伤）—有可能损伤了中枢神经。

观察：意识状态，有无呕吐、抽搐、耳鼻出血，有无剧烈头痛，如有，紧急呼救。

体位：稍微垫高头部，保持静卧。四肢麻痹时，必须水平静卧。保持呼吸道通畅时头不能过于后仰。

采取相应的紧急救助措施。

2. 胸部外伤—有可能损伤了肺脏、心脏、大血管。

观察：呼吸和脉搏状况。

体位：采取舒服的姿势，如呼吸时胸部疼痛、呼吸困难，用毛巾按住伤处。

注意：如有刀、木棍等异物刺入胸部，千万不要拔出，应该用毛巾固定住刺入物采取相应的紧急救助措施。

3. 颈、背部外伤—有可能损伤了脊髓。

观察、测试：呼吸状况，测试手脚是否能动，疼痛是否剧烈。

体位：原则上不要移动患者，必须移动时，三人以上小心搬运到平而硬的地方，并固定住颈部。

注意：不要让患者躺在软床垫上，千万不要随意拽拉、移动患者。

4. 腹部受伤—有可能有内脏损伤和破裂。

• 观察：呼吸、脉搏、疼痛状况。（1）如腹痛剧烈、脸色苍白、脉搏微弱而快速（120 次/分以上）呼吸浅快，腹部肿胀—内出血。（2）腹痛、发烧、呕吐、腹部板状硬—腹膜炎。

体位：松开衣物，保持静卧。膝下垫高衣物。

注意：（1）不要饮水、进食。（2）绝对不能推拿按摩腹部。（3）不要拔出刺入腹部的异物。（4）外露的内脏不能送回腹腔。

第五节 卫 生 常 识

一、卫生小常识

1. 常吃宵夜会得胃癌。因为胃得不到休息。
2. 一个星期只能吃四颗蛋，吃太多对身体不好。
3. 鸡屁股含有致癌物，不要吃较好。
4. 饭后吃水果是错误的观念，应是饭前吃水果。
5. 女性月经来时，不要喝绿茶。多吃可以补血的东西。
6. 喝豆浆时不要加鸡蛋及糖，也不要喝太多。
7. 空腹时不要吃蕃茄，最好饭后吃。
8. 早上醒来先喝一杯水，预防结石。

9. 睡前三小时不要吃东西。

10. 刚出炉的面包不宜马上食用。

11. 远离充电座。人体应远离30公分以上，切忌放在床边。

12. 天天喝水八大杯。

13. 白天多喝水。晚上少喝水。

14. 多油脂的食物少吃。

15. 最佳睡眠时间是在晚上10点至清晨6点。

16. 每天喝酒不要超过一杯，因为酒精会抑制制造抗体的B细胞，增加细菌感染的机会。

17. 服用胶囊应以冷水吞服（可以第一个吃），睡前30分先服药。忌立即躺下。

18. 酸梅具防止老化作用，青春永驻；肝火有毛病者宜多食用。

19. 食物过于精细，缺乏纤维；含大量脂肪，尤其是胆固醇会引发胃癌。

20. 食物过于粗糙，营养不足时导致食道癌，胃癌。

21. 食品中的黄曲霉素、亚硝酸类物皆具有致癌性。

22. 不抽烟。拒吸二手烟。

23. 适量饮酒，不拼酒，不醉酒。

24. 减少食用盐腌、烟熏、烧烤的食物。

25. 每天摄取新鲜的蔬菜与水果。

26. 每天摄取富含高纤维的五谷类及豆类。

27. 每天摄取均衡的饮食，不过量。

28. 维持理想体重，不过胖。

29. 保持规律的生活与运动。

30. 保持轻松愉快的心情。

二、饮食保健的12个基本原则

1. 要随时注意均衡完整摄取各种营养素，多变化的吃，尽量吃自然食物，避免吃劣质食品或不适合个人体质的食物。

2. 每餐的碱性食物（如蔬菜水果类）摄取量应略多于酸性食

物（如谷薯类及蛋白质类等），随时保持弱碱性体质。

3. 主食以谷物或薯类物为主，粗纤维杂量不宜多吃，以免增加胃肠负担，可少量摄取。

4. 蛋白质养分是人体必须摄取的营养素，不可缺乏，也不能摄取过量，否则会造成身体组织器官的负担以及伤害。

5. 蔬菜或水果能生食的最好生吃，但不可过量。适当适量摄取，才能达到理想功效，体质偏寒或在经期内，则不宜生吃蔬菜。

6. 绿色蔬菜每餐都应摄取，可以加强保健效果及增加造血功效，消化系统不良者，宜取嫩叶或软性蔬菜，要切成小块，以减少肠胃负担。

7. 芽菜含有丰富活性蛋白质与帮助消化吸收蛋白质氨基酸的酵素，可以经常摄取，但不宜吃过量。

8. 菇菌类及海藻类食物具有特殊营养成分，每周最好摄取 2－3 次，偶尔适量补充，有助于保健与疾病康复。

9. 菜豆类食物必须煮熟吃，大多数人可以经常吃，但核果类、豆类及种子类食物不宜常吃或者多吃，否则易产生燥热性体质。

10. 食物以少油盐方式调理为宜，但不可无油盐，否则体质会很虚弱；尽量以冷油炒或清煮方式烹调；用炸烤煎等方式会将食物劣质化，容易产生有害物质。

11. 饮食不宜偏，不可摄取过量，不过分饥饿，少吃刺激性食物，避免吃太坚硬不易消化食物，不要吃太烫或太过冰凉的食物。

12. 善用食物特性及功效，根据个人体质所需对症饮食，避免误吃伤身，要多吃有益于个人体质与能协助身体康复的自然无污染食物。

三、饮水学问

（一）不渴也喝水

正常人每天平均耗水量为 2000－2500 毫升，体内物质氧化可生水 300 毫升，故每日应补充水分 2200 毫升，包括饮食中的含水量。

早晨空腹饮一杯凉开水，可补充体内一夜消耗，还有利于清胃利肠。劳动后应先喝水再吃饭，一次最多喝 300 毫升，至少间歇 30 分钟再喝。不能等口渴时再喝水，因为口渴是体内轻微失水的表现。夏天每日补充水分在 3000 毫升左右，才能够满足人体需要。老人对口渴不敏感，应主动少量多次饮水，每天以 1500 - 2000 毫升为宜。孕妇及哺乳的妇女，身体需要水分增加，每天补充水分量应在 3000 - 3500 毫升。

（二）口渴勿狂饮

有人贪一时痛快，口渴时大量喝水。这些水一下子积聚于胃肠，除胃部感到沉重闷胀外，还会影响膈肌活动，影响正常呼吸。大量水分进入血液，可使血容量迅速增加，心脏负担突然加重，导致心肺功能异常。口渴狂饮会使体液中水与盐失去平衡，轻则引起胃肠剧痛，重则危及生命安全。

（三）饮水要择期

饮水不能随心所欲，应视身体所需，择期饮水。最好是在早上起床前空腹喝一杯水，然后向左躺约 10 分钟，这样有利于清理胃肠道和肝脏。活动量极少者，水分容易滞留体内，因此应养成每次坐下前先喝少量水的习惯。一般人应在每天早起喝一杯水，早饭与午饭之间和午饭与晚饭之间各喝 2 杯，每天睡觉前再喝一杯。

（四）饮水需补盐

夏日出汗后，有些人只顾饮水解渴，而忽视了补盐。由于出汗时失去大量水分的同时也失去较多的盐分，体内渗透压失去平衡，这时饮下去的水无法在细胞内储存，又会随汗排出体外，排汗又带出盐分，形成越喝越渴的恶性循环。严重者可引起肌肉无力、疼痛甚至抽搐。所以，炎热的夏天，特别是大量出汗后，应适当喝点淡盐水。

（五）出汗莫食冷饮

有的人在夏季爱饮冰水，认为冷饮更解渴。其实，冰水中的水分子大部分呈聚状，不易渗入细胞内，而热水中单分子较多，能迅速渗入细胞。过快冷却会使全身毛孔闭塞，热滞留体内，可引起高热。或因心脑血管迅速收缩，引发供血不足。还可诱发和加重某些疾病，如引起胃肠痉挛和胃功能紊乱等。因此，出汗时不要贪图一时痛快而进食冷饮。

第六节 妇幼卫生

一、儿童常见病防治

（一）怎样使孩子少生病

1. 按时进行预防接种。打预防针或口服预防药物是一种主动免疫的办法，目的是在使人体在不患传染病的情况下，自身产生对该种传染病的免疫力，只要家长能按时给孩子进行预防接种，孩子就不会患这些传染病。

2. 要注意补充营养。根据孩子的不同时期进行营养补充，尤其注意补充蛋白质和微量元素。

3. 要注意锻炼身体。体育锻炼不仅能增强体质，增加机体对疾病的免疫力，而且能促进身体的生长发育。

4. 不与有病的儿童接触。在传染病发生期间，不要到公共场所活动，平时不要与有病的孩子接触，以免自已被传染得病。

5. 讲究清洁卫生。孩子应从小养成不随地吐痰、不随地大小便和饭前、便后洗手的习惯。要常洗澡，勤换衣服和不吃脏臭不洁的食物。只有讲究清洁卫生，才能减少疾病、预防疾病。

（二）佝偻病

小儿得了佝偻病有什么表现？

1. 夜惊：常于睡眠中惊跳或轻微刺激即惊醒并常常哭闹。

2. 多汗：头部常常出汗，与室温、季节、衣服多少无关。

3. 烦躁：易兴奋、哭闹、爱发脾气，失去正常小儿的活泼。

4. 方颅：小儿头颅似方形。

5. 枕秃：小儿常因多汗刺激枕部经常致头发脱落。

6. 出牙延迟：生后十个月未出牙。

7. 严重者可出现鸡胸、脊柱变形、下肢呈“O”或“X”型腿。

家长发现小儿有以上表现，应及时到医院就诊。

如何预防佝偻病？

佝偻病是一种与维生素 D 和钙缺乏有关的营养性疾病，它影响小儿的生长发育，严重可导致骨骼畸形，小儿抵抗力降低，甚至影响智力，所以必须及早预防：

1. 提倡母乳喂养，母乳中的钙比牛奶中的钙更容易吸收。

2. 每天小儿去户外活动，晒太阳，时间不少于 2 小时。

3. 体质弱的小孩或在秋冬季节，可在医生指导下给小孩服用维生素 D 和钙剂。

孩子得了佝偻病怎么办？

1. 适当休息，减少活动。走路、坐立的时间不要太长。

2. 适当添加含维生素 D 和含钙高的食品，如蛋黄、动物肝脏、鱼类等。

3. 保持皮肤清洁，经常给孩子洗澡，勤晒被褥，注意预防感冒。

4. 不与传染病患者接触。

5. 参加户外活动，每天不少于 2 小时。

6. 在医生指导下补充维生素 D 和钙片。

（三）如何预防小儿营养不良

营养不良是由营养供给不足或长期消化不良引起，小儿出现体重下降消瘦、生长发育停止，甚至影响小儿智力发展。应及早预防：

1. 尽量给婴儿喂母乳，提倡按需哺乳。

2. 婴儿 4－6 个月左右应及时添加辅食。

3. 经常到户外活动及体格锻炼，增强体质。

4. 定期到保健院进行健康检查，参加儿童系统保健。

5. 预防各种疾病如肺炎、腹泻等，有病及早到医院治疗。

（四）流行性感冒

何为流行性感冒，有什么具体表现

流行性感冒是流行性感冒病毒引起的呼吸道传染病。此病的症状是起病急，剧烈头痛、畏寒、发热、全身酸痛、无力，全身症状较重，而上呼吸道症状（如咽痛、咳嗽、流涕）不太明显。有时患者有恶心、呕吐、中耳炎、支气管炎、肺炎等并发症。

怎样预防流行性感冒？

1. 经常锻炼，增强体质，防止受凉和过度疲劳。

2. 注意个人卫生和环境卫生。

3. 流行期间可用过氧乙酸喷洒空气预防。

4. 如果家庭中有一人患病，即有传染全家的危险，所以，小儿要及早隔离到其他地方，不使传染。

感冒如何护理与治疗？

孩子得了感冒，应适当休息，多喝开水，吃易消化的食物。居室要定时开窗，但应避免直接吹风，患儿卧位时头胸部要略高，并经常变换体位，以保持呼吸通畅，防止并发肺炎。鼻塞时，可用棉签在鼻腔内轻轻旋转，以清除鼻腔分泌物。

（五）怎样护理发烧的患儿？

1. 卧床休息：因为发烧的小孩体内的营养物质消耗增加，充分的休息可减少消耗。

2. 给孩子多喝水：发烧的小孩，水的需要量比平时大，所以要多给水喝。再者，疾病恢复过程中，要借助发汗散发体温来退烧。如果水分供应不足，汗出不透，烧也不容易退。另外，小孩患病时，要通过排尿排出体内的废物和毒素，如果水分供应不足，会影响尿的排出。所以说，发烧的孩子多喝水是非常重要的。

3. 加强营养：小孩发烧时身体消耗很大，同时消化功能又差，胃酸分泌减少，食欲不好，吃些清淡易消化的东西，如稀粥、汤等。喂饭时要耐心，让孩子多吃些。

（六）拉肚子的小儿如何护理

1. 要适当休息。

2. 继续进食，吃易消化的食物，母乳喂养者继续喂母乳，奶粉喂养的孩子应在他们食物中加入比平时多一倍的水，以补充丢失水分。

3. 补充丢失的水分，糖盐水、米汤、菜汤、新鲜果汁等。

4. 注意观察大便次数和性质，有无脓血；是不伴有发热；呕吐；是否有脱水的表现，如尿少、两眼下陷、哭时无泪、口渴严重等。如有上述任何一种表现，应立即找医务人员处理。

5. 注意臀部护理，由于大便次数多，易使臀部发红。所以，要勤换尿布，便后及时用温水清洗臀部、拭干。尿布宜柔软、易吸水，以保持干燥；如有臀部溃烂，可涂上3%氧化锌软膏。

6. 加强口腔护理。患儿常有呕吐，进食少，口腔多干燥及不洁，细菌易在口腔内繁殖，常伴有口炎，所以要勤漱口，经常保持口腔清洁湿润。

7. 管理好粪便及呕吐物。大便中存在着致病的细菌。因此应处理好便盆、尿布、痰盂等等。料理大便后必须洗手，以免交叉感染。

（七）小儿为什么容易发生贫血

小儿生长日益迅速，新陈代谢旺盛，红细胞的生理需要日益增加（红细胞的生成必须有充足的原料，如铁、蛋白质等等），所以当小儿患各种疾病、失血、营养供给不足时，就很容易发生贫血。

1. 儿童得贫血的主要原因。

贫血是小儿常见的症状之一，原因是多方面的。最主要是营养因素，是饮食中缺乏铁、维生素 B_{12} 或叶酸等造血材料所引起的，统称为营养不良性贫血。主要是饮食中缺乏铁，因为不论人乳或牛乳，铁含量均很低。当小儿 5－6 个月时，体重约增加一倍，体内储铁量几乎用尽，此时若不添加含铁丰富的食物，就会发生缺铁性贫血。饮食之间的搭配不合理，或小儿有慢性腹泻、胃肠道失血，使铁的丢失超过摄入，都可导致贫血。贫血不但影响小儿正常发育，同时因免疫功能低下易感染各种急、慢性疾病，反过来又影响铁的吸收和利用，使贫血加重，形成恶性循环。

2. 儿童得了贫血有什么表现?

表现为皮肤、粘膜苍白，如面、耳轮、手掌、脸结膜、口腔粘膜及甲床呈苍白色。严重贫血时皮肤往往呈蜡黄色，易误诊为合并轻度黄疸；相反，伴有黄疸、青紫或其他皮肤色素改变时，可掩盖贫血的表现。病程较长的还常易有疲倦、毛发干枯、营养低下、体格发育迟缓等症状。还会出现食欲减退、恶心腹胀及精神不振，注意力不集中，情绪易激动等神经系统症状，年长儿可有头疼、眼前有黑点或耳鸣等症状。

3. 儿童贫血如何识别?

贫血是指红细胞和血红蛋白低于正常值。正常人的红细胞为四百万到五百万，血红蛋白是120克/升到150克/升，如以血红蛋白来分，100至120克/升为轻度贫血，60至90克/升为中度贫血，30至60克/升以下为极重度贫血。这需通过查血才能知道。从外表上看，轻度贫血往往无明显症状，中度以上可见皮肤苍白，食欲不佳，指甲淡。

二、女性生理期的养生与保健

(一) 女性经期的10个危险之举

女性的月经周期绝大多数是有规律的，每月来潮一次是正常的生理现象，它依赖丘脑下部—脑垂体—卵巢轴的调节，无论哪个环节出了问题都会出现紊乱现象，影响女性健康。所以女性在经期要格外注意，不要认为是“老朋友”来了，就忽视了对自己的呵护。

1. 情绪激动。经期应与平时一样保持心情愉快，防止情绪波动，遇事不要激动，保持稳定的情绪极为重要。如情绪激动、抑郁愤怒常使气滞进而导致月经后期、闭经等。

2. 过于劳累。经期要注意合理安排作息时间，避免剧烈运动与体力劳动，做到劳逸结合。经期繁劳过度，可致经期延长或月经过多；反之过度安逸，使得气血凝滞，易致痛经等症。

3. 饮浓茶。经期应适当多饮白开水，不宜饮浓茶。因为浓茶含咖啡因较高，能刺激神经和心血管，容易导致痛经、经期延长或出血过多。同时茶中的鞣酸在肠道与食物中的铁结合，会发生沉淀，影响铁质吸收，引起贫血。此外，经期最好不饮酒、吃刺激性强的食物。

4. 营养不足。因为月经来潮后每月要损失一定量的血液，所以要适当增加营养，如蛋白质、维生素及铁、钙等。经期应多吃一点鸡蛋、瘦肉、豆制品及新鲜蔬菜、水果等。不宜暴饮暴食、饮食偏嗜，如果吃过多辛辣之品可导致月经先期、月经过多等；过食寒凉生冷食物，可致痛经、闭经、带下病症。

5. 依然性生活。经期应禁止性生活，因为月经期间，子宫内膜剥脱，子宫腔内有新鲜创面。如有性生活，就可能把细菌带入，引起生殖器官炎症，而且还可能使经血量增多或经期延长。

6. 受寒凉。经期注意保暖，避免着凉，不要淋雨、涉水或游泳，不要坐在潮湿、阴凉之处以及空调、电扇的风道口。也不要用凉水洗澡，以免引起月经失调。

7. 坐浴。有些人平时喜欢坐浴，但在月经期，因为子宫颈口微开，坐浴或盆浴很容易使污染的水进入子宫腔内，而导致生殖器官发炎。

8. 穿紧身裤。如果月经期间穿立裆小、臀围小的紧身裤，会使局部毛细血管受压，从而影响血液循环，增加会阴摩擦，很易造成会阴充血水肿，甚至还会引发泌尿生殖系统感染等疾病。

9. 高声哼唱。女性在经期呼吸道黏膜充血，声带也充血。高声哼唱或大声说话，声带肌易疲劳。

10. x线检查。育龄女性在月经前，处在排卵阶段，此时作x线检查，可使卵细胞或受精卵受到损伤，引起胚胎发育不良，造成胎儿出生后先天异常、智力低下、肢体缺损等。

（二）经期对女性十分有益的食物：

1. 不要刻意吃甜食，如饮料、蛋糕、糖果。防止血糖不稳定，避免加重各种不适。

2. 多吃高纤维的食物。疏菜、水果、全谷类、全麦面包、糙米、燕麦等食物含有较多纤维，可促进动情激素排出，增加血液中镁的含量，有调整月经及镇静神经的作用。

3. 在两餐之间吃一些核桃、干豆等富含维生素B群的食物。

4. 摄取足够的蛋白质。午餐及晚餐多吃肉类、豆腐、黄豆等高蛋白食物，补充经期所流失的营养素、矿物质。

5. 避免血糖一下升高、一下降低，减少心跳加速，头晕、情绪不稳定等不适。

6. 避免食用含咖啡因的饮料。茶等饮料会增加焦虑、不安的情绪；可改喝大麦茶、薄荷茶。

7. 避免吃太热、太冰温度变化太大食物。

8. 有大失血情形的女性，应多摄取菠菜、红菜（汤汁是红色的菜）、葡萄干等高纤质食物来补血。

9. 即将面临更年期的妇女，应该多摄取牛奶、小鱼干等钙质丰富的食品。

第三章 家电下乡政策及常用电器

第一节 家电下乡政策解读

一、家电下乡政策概念

家电下乡政策是深入贯彻落实科学发展观、积极扩大内需的重要举措，是财政和贸易政策的创新突破。其主要内容是，顺应农民消费升级的新趋势，运用财政、贸易政策，引导和组织工商联手，开发、生产适合农村消费特点、性能可靠、质量保证、物美价廉的家电产品，并提供满足农民需求的流通和售后服务；对农民购买纳入补贴范围的家电产品给予一定比例（13%）的财政补贴，以激活农民购买能力，扩大农村消费，促进内需和外需协调发展。

家电下乡推广工作是促进社会主义新农村建设、提高农民生活质量、扩大农村消费、统筹国内外市场的一项重要举措。家电下乡与汽车下乡、摩托车下乡，都是国务院作出的重要决策，既是实现惠农强农目标的需要，同时也是拉动消费带动生产的一项重要措施。

二、全面推广家电下乡政策出台背景

为了贯彻落实国务院关于促进家电下乡的指示精神，财政部、商务部在反复调查研究的基础上，提出了财政补贴促进家电下乡的政策思路。为稳妥推进，自 2007 年 12 月起在山东、河南、四川、青岛三省一市进行了家电下乡试点，对彩电、冰箱（含冰柜）、手机三大类产品给予产品销售价格 13% 的财政资金直补。试点已经取得了显著成效，农民得实惠、企业得市场。

在总结试点经验的基础上，财政部、商务部研究认为，有必要加快推进家电下乡，以进一步发挥财政补贴家电下乡产品在扩大内需、改善民生，促进社会主义新农村建设方面的政策效用。经国务院批准，在试点的三省一市继续实施的同时，将家电销售及售后服务网络相对完善、地方积极性较高的内蒙古、辽宁、大连、黑龙江、安徽、湖北、湖南、广西、重庆、陕西纳入推广地区范围，共计 14 个省、自治区、直辖市及计划单列市。为保持政策公平，家电下乡在各地方实施的时间统一暂定为 4 年。

根据国务院第三十六次常务会议精神，为了进一步发挥家电下乡政策在扩大内需特别是农村消费中的作用，国务院决定尽快在全国推广家电下乡的工作。财政部、商务部、工业和信息化部印发了《关于全国推广家电下乡工作的通知》（财建［2008］862 号）。

从 2009 年 2 月 1 日起，家电下乡在原来 14 个省市的基础上，开始向全国推广，产品也从过去的 4 个增到 8 个，除了之前推出的“彩电、冰箱、手机、洗衣机”之外，本次家电下乡又新增了摩托车、电脑、热水器和空调四个。它们和彩电等产品同样享受国家 13% 补贴。各个省市可以根据各地区不同的需求在这四个产品中选择两个进行推广。

据商务部和财政部预测，2008 年的财政补贴家电下乡资金将达到 104 亿元，累计拉动消费达到 9200 亿元。

2010 年 3 月 29 日，财政部和商务部印发了《新增家电下乡补贴品种实施方案》，在这些新增品种中，电动自行车最受消费者的青睐，并将成为第十大家电下乡品种。

根据两部委印发的《各地新增家电下乡补贴品种明细表》，共有 10 个省市选择新增电动自行车为家电下乡品种，6 个省市选择新增电饭煲，5 个省市增选抽油烟机，5 个省市增加燃气灶，而电压力锅和 DVD 影碟机分别有 3 个和 2 个省市选择。

也就是说，电动自行车成功成为了继电视机、洗衣机、冰箱（冰柜）、手机、空调、电脑、热水器、微波炉、电磁炉之后的第十大家电下乡的品种。

具体到补贴限额上，财政部明确了，电动自行车的补贴限额为 260 元，电视机为 445 元，抽油烟机为 338 元，电饭煲为 65 元，抽油烟机为 338 元，燃气灶为 195 元，电压力锅为 78 元，DVD 影碟机则为 65 元。

方案明确，对农民以及国有农、林场职工在户口所在省（区、市）内购买新增品种，按照销售价格的 13% 给予财政补贴。

三、全国推广家电下乡产品确定方式

前家电下乡的品种包括彩电、冰箱（含冰柜）、洗衣机、手机、计算机、热水器、微波炉、空调、电磁炉。这九类产品是在对农民消费需求调查的基础上，综合考虑了以下方面因素确定的：

1. 大部分低收入农民消费升级所需要的大件消费品。
2. 产品单价较高，通过补贴能有效调动中低收入农民购买积极性。
3. 产品的技术、性能较成熟，生产厂家比较集中，售后服务体系比较完善，不会产生补贴产品购买后的质量、服务等纠纷。
4. 农民消费意愿较强，产品的销售增长潜力较大。

四、全国推广家电下乡工作的具体步骤安排

从 2007 年 12 月开始，山东、河南、四川 3 省进行了财政补贴家电下乡产品试点工作，对 3 省农民购买彩电、电冰箱（含冰柜）、手机 3 类产品，比照出口退税率，给予销售价格 13% 的财政补贴，以达到拉动农村消费，帮助农民改善生活质量，减少贸易顺差、促

进家电行业健康发展目标。

从2008年12月1日，山东、青海、河南、四川、内蒙古、辽宁、大连、黑龙江、安徽、湖北、湖南、广西、重庆、陕西等14个省、自治区、直辖市及计划单列市开始推广家电下乡。试点的三省一市执行到2011年11月底，其他省、自治区、直辖市、计划单列市则执行到2012年11月底。

从2009年2月1日起，在其余的省、自治区、直辖市、计划单列市以及新疆生产建设兵团开展家电下乡工作。

五、试点产品特点及如何识别家电下乡产品

(一) 试点产品符合农村消费特点

为使家电下乡产品符合农村消费特点，切实维护农民利益，防止将城市商品简单推向农村甚至将滞销商品向农村转移，商务部、财政部经过充分调研专门制定了家电下乡产品标准，在节能、环保、安全等方面提出明确要求。如宽电压、强信号的彩电，耗电低、冷冻量大、环保的电冰箱，强信号、待机时间长、方便收发农业科技和市场信息的手机，宽电压、宽水压、洗涤量大、方便排水的洗衣机。同时，引导企业通过简化不适合农村消费的功能和包装，降低生产成本，确保家电下乡产品质量可靠、功能实用、价廉物美。从招标情况看，许多生产企业有针对性地研发了适合农村的新产品，在保证产品质量的基础上，还增加了很多适应农村消费环境的新功能，如电冰箱的防鼠板、电冰箱平衡装置、手机的农村信息功能和洗衣机进排水管多次弯曲性能等。根据推广实施地区的农民消费水平，两部门对四类下乡产品的销售价格均作出了明确限定，让更广大的中低收入农民享受到补贴政策。

(二) 如何识别家电下乡产品

为了便于农民识别，商务部、财政部特别制定了家电下乡产品标识。家电下乡产品外包装的正前面（手机的包装应为正上面即顶部）应印制家电下乡中标产品标识及“财政部商务部家电下乡中标产品”字样；洗衣机、彩电、冰箱（冰柜）外包装的左侧面右上

角应印制家电下乡产品说明；手机的外包装在正前面印制家电下乡产品说明；家电下乡产品使用说明书封面左上角应增加家电下乡专用标识及“财政部商务部家电下乡中标产品”字样，右下角粘贴有“家电下乡产品标识卡”。

六、购买家电下乡产品相关问题、供应、销售及维修服务

农民可在所在省、自治区、市辖市及计划单列市指定的销售网点购买家电下乡产品。为了便于农民更好的识别家电下乡指定销售网点，商务部、财政部专门制定了统一的家电下乡销售门店标识，并要求销售网点在明显位置悬挂，张贴统一的家电下乡产品公示栏和农民购买须知。

农民购买试点产品后，要在规定时间内，持购买产品的发票原件及复印件、身份证明原件及复印件（包括居民身份证，户口簿或公安户籍管理部门出具的证明）、补贴类家电产品专用标识卡、购买人储蓄存折以及管理部门需要的其他材料，到户口所在地乡镇财政部门申报补贴。乡级财政部门初核后，报县财政部门，县财政部门审核确认后，将补贴资金通过银行发放到农民储蓄账户上。

农民可在家电下乡指定的销售网点购买试点产品。要求生产企业和流通企业履行中标承诺，加强与县级主管部门和基层政府、组织的沟通、协作，共同做好试点产品生产前的调查研究，针对不同试点区位、不同农民收入水平确定不同型号产品的生产规模，采取有效措施保障供货时间和供货数量，确保试点产品不断档、不脱销，并采用多种销售方式，如大篷车流动售货等，方便农民就近购买。各生产企业和流通企业已做好相关的工作方案和应急预案，确保农民能够及时购买到试点产品。

为保证下乡产品的供应、销售及维修服务，对参加家电下乡工作的生产和流通企业在生产、配送、销售、维修等方面都提出了明确要求，如加强中标产品的生产；积极联系乡村基层组织开展农民购买意愿调查、组织好货源，确保不脱销、不断档；对偏远地区组织好团购，做到送货上门、搞好安装调试和使用辅导；严格执行国

家三包规定，强化维修服务网点，开展巡回维修服务等等。这些要求，已在企业中标协议中予以明确，中标企业必须履行。实施地区商务财政部门也根据自身实际情况制定了详细实施方案，确保农民买得放心、用得满意，享受到与城里人一样的服务。

农民朋友需要特别关注以下几方面问题：

1. 应要事先了解家电下乡政策，确认家电下乡产品型号、最高限价和销售网点名单。

2. 应索要正规税务发票。

3. 购买家电下乡产品开箱时，一定要注意验证及保存产品标识卡，确定标识卡正确完好后，方可从说明书上取下标识卡，并以此作为申领补贴的重要凭证。无标识卡的产品应拒绝接受。

4. 购买家电下乡产品后，需将标识卡上的卡号、产品编码的条形码和购买人的个人信息告知网点销售人员，并进行销售登记以备补贴。

5. 购买条件：必须是农业户口，必须购买家电下乡指定产品，注意不可跨省购买！

6. 每户每类家电下乡产品补贴数量不得超过 2 台（件）。并按照产品最终销售价格的 13% 给予补贴。

销售网点应在农民购买下乡产品后三日内将销售信息录入家电下乡信息管理系统。在规定时间内，农民应到户口所在地乡镇财政部门申报补贴。乡级财政部门初核后，报县财政部门，县财政部门审核确认后，将补贴资金通过银行直接拨付到农民储蓄账户上。

第二节 电 视 机

（一）电视机的日常维护

电视机使用久后，机内就会积上一层灰尘，灰尘过多影响元件热量散发，破坏元件与电路的绝缘性，甚至产生高压放电打火现象，严重损坏电视机，因而防尘和除尘是保养电视机不能忽视的工作。积尘可用吸尘器或打气筒吹气去除。小心地拆下盖板，用拔下金属出气嘴的打气筒边打气边向机内有灰尘的部分吹去，直到吹尽为止。注意，不要碰着电气元件。不易去尘的地方可用毛刷消除，切忌用湿布擦洗。

电视机应避免放在阳光直射或荧屏有反射的地方。电视机要远离有磁铁、音箱和变压器的地方，以免造成大面积的色斑。

电视机要远离加湿器，以免潮气侵入机体。

电视机在使用过程中，出现异味和异常声响，应立即断开电源，拔出电源插头，尽快地与维修部门联系，请他们检修。如继续使用，可能造成事故。

不要将饰物摆放在电视机顶部，尤其是液体饮料。

当您外出旅游时和长时间不看电视时，要拔下天线插头和电源插头。

夏季尽量使用防雷插座，以免雷击损坏。

(二) 电视机常见故障及其解决办法

1. 开机后或使用时，听到“啪啪”的响声，甚至有臭味，此时如不立即关机，则有损坏元件或使显像管炸裂的可能。这是电视机高压部分在打火，使空气的氧气在电火花作用下生成少许臭氧。

2. 使用过程中电视机突然冒烟或有焦烟味，严重出现明火应立即切断电源，清除周围可燃物品，用细沙或湿棉被、毛毯等纺织物包住电视机，以隔绝空气流通，扑灭火苗，同时应防止因燃烧而引起显像管爆炸伤人。千万不可用水泼火，以免显像管骤冷爆裂。

3. 电视机亮度突然变暗，整幅画面缩小，是电源故障所致，要及时关机，以免故障扩大。

4. 开机后，屏幕上出现不规则的黑点或黑线，较长时间地跳动，可将频道选择钮拨到空挡观察，如仍不消失，则应立即关机。

其他故障：

1. 信号弱，呈雪花点或无信号。

原因主要是：

（1）F 接头接触不牢或用户线屏蔽层丝网氧化腐蚀，无法与 F 接头接触；

（2）终端插座变形、断裂，用户插线插头接触不良；

（3）使劣质用户线、分支分配器、终端或用户线大长而造成较大的损耗；

（4）分配太多终端、分支分配器损耗太大或信号分配不正确；

（5）4 分支分配器输入、输出端相互错接；

（6）用户线受到损害、断开。排除方法：规范的重新做好 F 接头；更换终端、连接线；使用损耗量合适的分支分配器；正确分配、连接信号。

2. 高频道图像正常，低高频道信号弱，雪花干扰大。

原因主要是：

（1）F 头芯线回缩脱离接插件造成接触不良或分支分配器弹簧夹片疲劳老化、进水受潮氧化腐蚀造成芯线接触不良；

（2）电缆有短路现象，多数是用户室内装饰时把铁钉订进电缆，将电缆外导体与芯线短路，这相当于在芯线与屏蔽层间并上一小电感，造成线路呈感抗而通低频阻高频。排除方法：按规范重新制作 F 接头使芯线接触良好；更换老化器材；并消除短路现象。

3. 高频道图像正常，低频道信号弱，雪花干扰大。

原因主要是：

（1）使用劣质的电缆；

（2）电缆埋墙进水、受潮、电缆受损变形转弯半径太小，使电缆特性发生变化。排除方法：更换或按规范重新敷设电缆；增大信号电平，调节均衡，使高低频电平相差不要太大。

4. 只接芯线，图像虽不好，但还可以看，如全部插好，反而不能收看。

原因主要是：

在用户终端盒或信号接入处发生短路，当只接信号，相当于一根天线，可以收到部份微弱信号，而当全部插好后，相当于接地短路，反而收不到信号。排除方法：检查终端盒或信号接入消除短路现象。

5. 家庭中两台电视同时收看节目，根据收看节目的不同，可能会出现不同程度的干扰。

原因主要是：

使用简单的三通或劣质分支分配器使电视机高频头的本振信号，通过射频输入口辐射到传输电缆中，当两台电视机所接收节目的载频相差一个中频时，就导致其中一台电视出现网纹干扰。排除方法：更换优质、高隔离的分支分配器。

6. 每个频道都出现横道干扰（黑白滚道）。

主要是产生50Hz低频交流电源干扰，原因是：

（1）用户线与220V交流电源紧靠在一起；

（2）用户线屏蔽层与220V交流电源零线发生短路。

排除方法：按规范重新布线，使用户线与电源线相距20cm以上；仔细检查线路，确保用户线与电源线零线不发生短路。若不能重新布线的，可将电缆两头的屏蔽层与终端盒的接地端接牢，将其一端就近与地线相连把感应的50Hz的干扰接地。

7. 频道出现网纹干扰或出现雨刷干扰。

主要原因是：

（1）用户使用简单或劣质的放大器，使信号产生非线性真，产生互调或交调干扰；

（2）用户信号足够高而使用了放大器，信号远远高于正常值，使信号产生非线性真。

排除方法：使用优质均衡可调的放大器，调整高低频电平，使之符合要求；拆卸放大器，改用分配器分配信号。

8. 屏幕上出现很多横向拉丝干扰道、黑白噪声和无规则的杂波。

主要原因是：

（1）电缆老化、受蚀、损伤、挤压变形使特性抗发生了变化；

（2）电缆屏蔽性能差，空间杂波窜入。排除方法：更换优质的电缆。

9. 图象出现左重影。

主要原因是：

（1）离电视台较近，空间强信号直接窜入电视输入端；

（2）电缆、分支分配器、终端盒等器材屏蔽性能差，空间信号直接进入系统。

排除方法：提高输入电平，达到75dB以上；更换屏蔽性能好的电缆，分支分配器、终端盒，电视有室内天线的应拆除。

10. 图象出现右重影。

主要原因是：

（1）电视台发射的电磁波经障碍物多次反射进入系统；

（2）电缆特性阻抗发生变化，用户线直接串联，使系统阻抗不匹配，造成电磁波在系统中多次反射；

（3）分支分配器、终端盒不用的输出口没有假负载终接。

排除方法：更换优质电缆；用分支分配器按规范联接各终端；用假负载联接悬空的输出口。

11. 收不到增补频道。

主要原因是：

一些老式电视机高频头没有全频段，接收不到后来增加的增补频道。

解决方法：更换电视机高频头或者加装频道增补器。

12. 收到别人放影碟的信号或自家放影碟别人能收到。

主要原因是：

（1）使用低隔离度的分支分配器；

（2）使用电视机的射频接口放映影碟。

解决方法：使用优质、高隔离度的分支分配器；使用电视机的AV音视频口放映影碟，即电视信号直接输入电视机的射频接口，影碟机的输出信号通过电视机的AV进入电视机。

第三节　电　冰　箱

（一）购买电冰箱注意事项

1. 检查冰箱的外观首先看箱门。箱门要方正，不歪斜变形，箱体表面应该平整无损。再看箱体后面的冷凝器、毛细管、压缩机等处有无外伤，管路有无被压扁，焊口是否有油迹或脱焊处等。

2. 检查电冰箱的门封是否紧密在关闭箱门的同时将纸条夹在箱门的门缝各处，如果纸条被夹得比较紧，不会自行滑落，则说明此冰箱的磁性门封良好。

3. 检查冰箱内照明灯灯泡要完好无损，冰箱通电后打开箱门，照明灯立即亮；关冰箱门，照明灯自动熄灭。

4. 检查压缩机选购电冰箱时，最主要的是观察冰箱压缩机等主要部件的性能。如果允许，可用两台冰箱同时通电来进行比较检查。

（1）首先检查压缩机的启动性能。当电源接通后，冰箱能启动并进入运行；切断电源时，冰箱正常停机；再次启动时，在一秒钟内压缩机能启动起来，并正常运行，这说明压缩机启动性能良好。当电源接通后，压缩机立刻启动，启动约几秒钟后又自行停机，这说明压缩机未进入正常运行状态，压缩机启动性能不怎么好。

（2）然后检查电冰箱的制冷性能。接通电源，冰箱运行约20分钟，用手摸冷凝器（箱体后面的散热片），如冷凝器上部热，下部较冷，则说明制冷系统正常。

5. 运行噪声：压缩机运转，电冰箱会微微颤动，并听到运行噪声，但是噪声不应高于45dB，即在安静的环境中，只能听到压缩机轻的嗡嗡声，在离冰箱约一米远处，应听不到声音。手摸箱体，不应有明显的振动。

6. 温控器性能：将温控器调在停的位置，压缩机应立即停转。环境温度应在15－43℃范围内，到弱冷的位置，压缩机应能启动运转；调到强冷位置，压缩机应运转不停（指老式冰箱）。

7. 降温速度：将冷藏室内温控器调到最大位置，冷藏室内温度降到10，冷冻室温度降到－5℃所需时间不应超过2小时。也就是说，冰箱启动2小时后不论自动停机或没停机，冷藏室内的温度不应高于10℃，冷冻室内的温度应该在－5℃或其以下。

（二）电冰箱的日常维护

1. 如何使用电冰箱最省电：

应经常注意清除灰尘，保持冷凝器有良好的散热条件；尽量减少电冰箱开门次数和开门时间，以减少箱内冷量的外流和箱外热空气的侵入；应尽量避免将热的食物不经冷却直接放人冰箱内；根据季节气温合理选择和控制冰箱内的温度；一般讲冰箱内的温度调得低，耗电量也就大。

2. 食品能不能长时间在冰箱中存放：

冰箱是采用降低温度的方法，抑制食品中微生物的繁殖，但低温并不能完全杀死微生物。少数酵母菌和酶菌等，都能在0℃以下的低温环境中缓慢成长，随着贮存时间的延长，食品也腐败变质。因此，在冰箱中贮存食品不能超过食品贮存期限，如果是熟食，就更要注意及时食用了。

3. 怎样恢复使用长期停用的电冰箱。

使用前先做检查，如无异常情况应对冰箱进行清洗；冰箱由于长期停用，润滑油沉底变粘，机件处于失油状态，使用时应分几次启动，插上电源稍启动一下，再停机3－5分钟，再启动2－3分钟，停机3－5分钟，如此反复几次待润滑油受热变稀后使机件润滑，再投入正常使用。

4. 其他冰箱日常维护知识。

清洗别忘密封条和压缩机：每年至少清洁两次冰箱，这里的清洁可不是只指冰箱内部。挂背式冰箱的冷凝器，压缩机都裸露在外，极易沾上灰尘，导致散热效果变差，缩短使用寿命。但该部件不轻易清洗，而且用水或湿抹布擦洗，还可能影响绝缘。其实方法很简单：只要用电吹风等工具，吹掉冷凝器和压缩机表面的灰尘即可。

另外，电冰箱门的密封条上轻易积存污垢和细菌。清洗时，最好用酒精浸过的干布擦拭密封条，既可防止门上的细菌进入冰箱内部，同时又能延长密封条的使用寿命，还要用冰箱专用消毒剂对滴水槽，隔板槽等死角进行喷洒消毒。

除霜不费力：热毛巾、塑料膜。霜层越厚，制冷效果越差，因此需定期为冰箱除霜。清理过程中，最重要的是要把冷冻室内壁以及抽屉隔板等冰霜积水清干净。目前大部分冰箱都有自动融霜功能，冷冻室一般不会有太多陈冰，只需要用热毛巾“热敷”一下，薄冰就能融化。

还有一个更为简单的办法，除掉结冰后，等冰箱运转一段时间，在易结冰的地方贴一层塑料膜或者薄塑料布，下次除霜时直接撕膜就可以解决问题了。

除异味：茶叶、水果皮全上阵。冰箱使用时间长又未做及时清理，就会出现难闻的异味，可在冰箱中放入柚子或橘子皮，方法是将水果皮晾干，分别放置在冷藏室的各层上，每层 100 克左右，每半个月换一次。另外，泡过的茶叶沥干水分后，用小碟子盛着放在冰箱里，也可吸收难闻的气味。或是使用活性炭吸附，但要每隔一周到两周更周一次，并在光照充足的地方暴晒一下，保证最好的吸附效果。

食物摆放要分清上下前后。冰箱冷藏室里的温度并不是恒定的，一般来说，上层比下层温度高，冰箱门口处温度最高，靠近后壁处温度最低，因此，食物摆放时是有讲究的。比如，一两天内就要吃完的小食品，不轻易坏的番茄酱，沙拉酱，果汁饮料，以及鸡蛋、咸鸭蛋等蛋类食品可以放在门框上；剩饭菜以及豆制品等比较轻易变质的食物放在冰箱上层后壁四周；水果，蔬菜等可以放在冰箱的下层，或者是专门的果菜盒里，但不要太靠里边，以免被冻坏了。

（三）电冰箱常见故障及其解决办法

1. 制冷效果差。

（1）制冷剂泄漏。

现象：吸排气压力低，排气管路烫手，毛细管路有“吱吱”

声，蒸发器不结霜或者挂霜少。

排除方法：按正常方法充灌氮气，检漏，修复渗漏点，抽真空充注制冷剂。

（2）制冷剂灌注过多。

现象：吸排气压力大，冷凝温度过高，压缩机电流大，蒸发结霜不实，降温慢，回气管挂霜。过多时还可能会产生液击现象。

排除方法：按程序操作，在停机几分钟后再打开注液管放掉制冷剂，重新干燥过滤器，抽真空重新灌注制冷剂。

（3）制冷系统内有空气。

现象：制冷效率降低，突出的现象是吸排气压力高（不高于额定值），压缩机出口至凝器出口处的温度明显升高，气体喷发声断续并且明显增大。

排除方法：重新灌注适中的制冷剂。

（4）压缩机效率低下。

现象：表现为排气量减少，多数发生在长期使用的压机机件磨损所导致。

判断方法：采用真空压力表检测。

表面现象：压机异声，外壳温度过高。

（5）蒸发器霜层过厚。

故障分析：直冷式电冰箱在长期使用之后，蒸发器需要定时除霜，若不进行除霜，蒸发器管路上的霜越结越厚，会影响传导，降温也要受影响。

排除方法：停机化霜，切勿用铁器、木棒敲击霜层，以防止损坏蒸发器管路。

（6）制冷系统不畅通。

故障现象：排气压力偏低，排气温度下降，被堵塞部位的温度比正常温度要低。

排除方法：可对管路进行冲洗，更换干燥过滤器，重新注液封口。

2. 电冰箱不制冷。

（1）冰堵。

现象：一会制冷，一会不制冷，可用热水对冰堵部位加热，可听见突然喷出的流水声。

排除方法：放掉制冷剂，用氮气吹干管路，然后重新充入制冷剂，并重新更换干燥过滤器。

（2）制冷剂全部泄漏。

现象：分慢漏快漏，排气压力很低，排气温度低，听不到液体声，压缩机负载很轻。

排除方法：充压力，检查出渗漏点，补焊，重新灌注制冷剂。

（3）过滤器堵塞。

故障现象：系统中填充的材料或其他粉尘固使用时间较长而呈糊状封住了过滤器，或污物渐积于过滤器内所致。有时会出现似堵非堵，摸过滤器比正常时间凉。

排堵方法：同毛细管脏堵。

（4）压缩机的吸排气阀片击碎。

故障现象：不排气或排气小。

排除方法：一般更换压缩机。

3. 压缩机在运转中突然停机。

主要是吸排气压力超过规定的范围导致压力保护断电器切断电源所致。

（1）系统中制冷剂过多。

故障现象：出现结霜不实，制冷效果差。过多制冷剂将占去蒸发器的一部分容积，使散热面积减小，也可能产生液击现象，同时回气管可能出现结露和结霜现象。

排除方法：打开管路，重新抽真空和充灌制冷剂。

（2）系统内有残余空气。

故障现象：系统内有残余空气时，表现排气压力高，排气管烫手，制冷效果差，压缩机运转不久就停机。

①维修时不慎吸入空气或抽真空没有抽尽；

②制冷系统低压端有渗漏点，查出渗漏点，排除漏点，并重新抽真空，注制冷剂。

（3）温控器失控。

故障现象：安装不当或温控器本身问题，出现频繁停，开机现象。

排除方法：调正感温点的位置，如能正常开停，则属正常，如仍停机频繁，则很有可能是机械部分或触点出了故障，可拆下温控器以调正更换。

（4）电机超负荷。

现象：①放入过多物品，热负荷超过系统产生的冷量；②电源电压升高。

排除方法：减少热负荷，注意电源电压变化。

（5）热保护异常。

现象：压缩机电流正常，但保护器连续跳开。

排除方法：更换热保护器。

4. 压缩机无法启动。

（1）压缩机不启动，一般从电源电路上表现出来，如断电、开关接触不良、保险丝熔断。

排除方法：

①用万用表检查是否有电。

②检查压缩机附件，包括过热保护器和继电器，压缩机不转会发出嗡嗡声的噪声。

③查看各触头是否完好，接触不好也会发出嗡嗡声。

（2）检查电路电压是否正常。

故障现象：低于启动电压 187V 后不起动，同时会有嗡嗡声。

排除方法：查电压低原因，使电压正常。

（3）检查各继电器的触头是否接通。

故障分析：有时感温管内的感温剂泄漏等原因引起触头断开。

排除方法：用万用表测，常温感温头两插片若不通，说明原调定值未调好或感温管内的感温剂泄漏，一般更换新温控器。

（4）电机绕组烧成匝间短断。

故障现象：一般通电就烧保险。

排除方法：用万用表检查接线柱与外壳是否短路，并测量各相电阻，如短路或某相电阻较小，说明绕组匝间有短路现象，绝缘被烧毁。检查时也可用兆欧表测其绝缘电阻，若其电阻低于 2 欧姆，则说明绝缘层已被击穿，一般更换压缩机。

（5）控制继电器故障。

故障分析：控制继电器一般易出现触头过热、烧毁、磨损现象，使触头接触不良。

排除方法：拆下修理或更换新的控制继电器。

（6）温控器触头接触不良。

现象分析：一般为触头烧焦或感温剂泄漏。

排除方法：更换新的温控器。

5. 压缩机不停机。

（1）温度调整不当，一般打到速冻。

（2）温控器失灵，一般冷冻、冷藏温度都达要求，但不停机。

（3）制冷系统的蒸发温度过高，制冷量降低，造成不停机。

（4）箱体绝热层或门封损坏。

故障分析：当电冰箱箱体绝热层的绝热效果降低或门封不严，箱内的制冷量损失严重，温度升高，使压缩机连续运转。

排除方法：查找原因，是绝热差还是门封不严，然后排除。

（5）其他原因。

故障分析：用户在箱内放置的物品过多过密，造成通风不良或温控器探头的感温性能变差，将造成不停机；若环境温度过高，通风条件差，散热不良，将造成不停机。

（6）排除方法：合理使用电冰箱内部空间，改善使用的环境条件。

6. 电冰箱漏电。

电冰箱老化、使用环境潮湿以及电路故障都会导致漏电。可从以下几方面对漏电情况进行分析。

（1）轻微漏电。

主要原因受潮，电气绝缘降低，导致轻微漏电。

用手触摸金属部位时有发麻的感觉，用试电笔检查时有亮光，对此首先确认接地是否良好。2 兆欧姆，若接地良好，则应马上停机，用万用表检查线路的电气绝缘性能。

（2）严重漏电。

主要原因由于电气故障或用户自己安装插头时接线错误而使电冰箱外壳带电，十分危险。手不可触摸箱体和门拉手，也不要接触其他金属部位。这时用试电笔测试有强光，用万用表测得插头与箱体间的电阻为零，严重时保险丝将熔断。检查三孔插片，可能是火线与零线接反，接地保护的插头部分与火线相连，或是外供电线路的火线与零线因故对调，而是内线路中的三孔插座未变，使零线为火线。

7. 电冰箱震动及噪音过大。

（1）原因分析：

放置不当，电冰箱放置不稳时，开机容易发生震动和产生噪音，若电冰箱底脚的几只调平螺钉未调好，电冰箱即使放在水平地面上也发生震动和产生噪音；压缩机内发生异常噪声，机壳内 3 只吊簧失去平衡，碰撞壳体，发生撞击声，有时压缩机零件磨损也会引起噪声；管道共振和零件松动，管道密集，排列不合理，会零件松动也会引起震动与噪声；检查方法如下：在运转过程中，当用手按住某一部位时，如果震动明显减小或消除，则说明找到了声源，若箱体调节螺钉不平，可在电冰箱顶盖上放置水平仪进行检查校准，压缩机产生噪音时，可用橡皮或手锤垫以木块从机壳侧面不同处进行敲击，以判定吊簧不平衡还是被卡住。

（2）压缩机震动与噪音：

故障原因：震动与噪音是评价压缩机的重要指标。

（3）震动与噪声主要来源于以下的几个方面：压缩机内部机械运行部件的质量不平衡引起的噪声；吸排气时的气流冲击声及震动声；电机的磁场震动声和旋转震动声；高频率旋转冷冻机油的搅动声；主轴承的响声，轴及滑动部位的响声；排气管路及压缩机机壳内空间气柱的共振声；压缩机与壳壁的撞击声，壳体自身的响声以及支持弹簧的撞击声；压缩机运转或停机时，可听到很大的金属撞击声。

8. 冷藏内胆结冰有哪几种原因？如何解决？

（1）副蒸发器粘贴不好，导致出现夹气造成感温头部位温度与实际温度出现误差。解决办法：排除夹气。

（2）温控器控制开机时间过长，停机时间短，调整更换温控器。

（3）制冷系统不匹配，造成副蒸发器冷量过剩，可用调整制冷剂来解决。

（4）补偿开关开通，造成开机时间过长。检查补偿开关是否正常。一般电磁补偿开关 10℃ 以上应关闭，手动补偿开关在开的位置，更换或打到正常档。

（5）副蒸发器进回管离冷藏室太近，需开后背调整管路。

9. 冷藏箱漏水孔结冰的原因分析及解决办法？

原因分析：

（1）内胆有裂纹或漏水管与接口未接好，水进入发泡层，导致保温效果下降。

（2）排水管离冷冻内胆太近或离制冷管道近。

（3）排水管离副蒸发器太近。

解决办法：

（1）打开后背查上述原因，一一排除，重新发泡。

（2）结冰较轻，用 6mm 铜管，70mm 长，内充 R12 制冷剂，封口一头插入漏水管结冰处，其余部分缠绕在压缩机排气管上。

第四节　洗　衣　机

洗衣机是利用电能产生机械作用来洗涤衣物的清洁电器。按其额定洗涤容量分为家用和集体用两类。中国规定洗涤容量在 6kg 以下的属于家用洗衣机；家用洗衣机主要由箱体、洗涤脱水桶、传动和控制系统等组成，有的还装有加热装置。洗衣机一般专指使用水作为主要的清洗液体，有别于使用特制清洁溶液，及通常由专人负责的干洗。

（一）购买洗衣机注意事项

1. 外壳有无划伤、擦伤、塑料件有无翘曲变形。

2. 接上电源，打开电源开关，按说明书上所示进行各程序运转性能试运转，看运转是否平稳，脱水时是否敲缸，声音振动有无异常。

3. 排水管，电源线是否安装牢固，完好，附件是否齐全。

（二）洗衣机的日常维护

一般新买的洗衣机在使用半年后，每隔三个月都应用洗衣机专用清洁剂清洗一次。家庭经常清洗洗衣机，可以与衣被，毛巾等的消毒同步进行，即在浸泡消毒衣被，毛巾等物品时，直接将需消毒物品连同配制好的消毒液一起倒入洗衣桶内浸泡 30－60 分钟，之后再以清水漂洗干净。这样不仅可以消毒衣物，还可以去除洗衣机里的污垢。平时不用洗衣机的时候，最好经常打开洗衣机的盖子，让洗衣机内部保持干燥状态。洗完的衣服应立刻拿出来晾晒，不要闷在里面。

长期停用的洗衣机，也需要保养。首先，应排除积水，保持机内干净整洁，最好安放在干燥、无腐蚀性气体、无强酸、强碱侵蚀的地方，以免金属件生锈，电器元件绝缘性能降低。对于波轮轴没有注油孔的洗衣机，应该给洗衣机注油一次，以防锈蚀。长期存放的洗衣机应盖上塑料薄膜或布罩，避免尘埃的侵蚀，保持洗衣机光亮、整洁。最好隔 2－3 个月开机试运转一次，以防止部件生锈，电机绕组受潮。通电也是干燥绕组的一种手段，可以避免停用时间过长而引起故障。洗衣机不要长期受阳光直射，特别对于塑料器件，以免褪色、老化。

对于滚筒洗衣机来说，洗涤衣物一般不会出现磨损，缠绕的现象，遂可以放心洗涤各类衣物。只要在洗衣前多加注意，就等于做了清洗工作，在洗涤前应小心查看衣物上的标签，看是否可以水洗、熨烫等，并根据衣物的质地等选择相应的洗涤程序。其次，应将衣物颜色进行分类，此外应尽量把新买的有色衣物分开洗涤，查看其是否褪色。衣物上破旧的钮扣，别针，金属饰物等一定要在洗涤前拿下，带有拉链的衣服要将拉链拉上。带有干衣功能的洗衣机，干衣容量为洗涤容量的一半，所以在烘干时要注意不可放置过多的衣物，避免烘干后衣物变皱。最后，在洗衣机用完以后，最好将洗衣机玻璃视窗开启一点，这样可以延长密封圈使用寿命，并有利于机内潮气散发。滚筒洗衣机一定要用低泡，高去污力的洗衣粉，对较脏的衣物最好加热洗涤。

1. 洗涤前取出口袋中的硬币，杂物，有金属钮扣的衣服应将金属钮扣扣上，并翻转衣服，使金属钮扣不外露，以防在洗涤过程中金属等硬物损坏洗衣桶及波轮。泥沙，硬物钻入洗涤桶内，会磨损轴封，造成漏水；而硬物会损伤或卡住波轮，造成电机过载而烧坏。

2. 一次洗衣量不得超过洗衣机的规定量，水量不得低于下线标记，以免电动机因负荷过重而发生过热，造成绝缘老化影响寿命。普通洗衣机都标称的衣物洗涤重量，如果洗衣的时候投放的衣物过多，不仅翻滚差，磨损率高，洗净度低，而且还有可能引起过载烧坏电机。

3. 注意用水量，用水量过多不一定能洗涤效果好，反而会使水外溢；用水量过少，则可能影响洗涤效果，增加被洗衣物的磨损。一般洗涤互 1.5 千克的衣物时，用水量约在 30 千克左右；3 至 5 千克衣物，约在 50 千克左右，只有用水适度，衣物才能翻滚均匀，且洗净度也高。

4. 洗涤水的温度不宜过高，一般以 40℃ 为宜，最高也不应超过 60℃（滚桶高温消毒洗衣机除外），以免烫坏洗衣桶或造成塑料老化或变形。如需用加温洗涤时，应先将冷水放人洗衣机水桶内，然后加热水，温度过高会损坏机件。

5. 每次洗衣结束后，要排净污水，用清水清洗洗衣机桶；用干布擦干洗衣机内外的水滴和积水；将操作板上的各处旋钮、按键恢复原位；排水开关指示在关闭位置，再放置于干燥通风处。

6. 刷洗洗衣机时勿用强碱、汽油、烯料和硬毛刷，清理过滤网、排水管时不要用坚硬器具。

7. 经常注意检查电源引线，发现有破损或老化，应该及时处理。

8. 有些洗衣机的波轮主轴套上设有注油孔，每隔二到三个月可用油壶向油孔加注几滴机油。

9. 注意洗涤时间。洗涤时间长，效果不一定就好，洗涤开始时，洗净度明显，但过一段时间后，洗净度就难以再提高，这时反而会增大衣物磨损率。

10. 平时，洗衣机的金属外壳和电器部分是绝缘的，由于此原因，电器部分的绝缘性能下降或被破坏时，就会使金属外壳带电。这时，人体一旦接触水浸衣物或金属外壳，会引起触电事故。所以，在使用洗衣机时，一定要注意接地线安全良好。

（三）洗衣机常见故障及其解决办法

1. 不进水。

检查事项：

（1）是否停电或保险丝烧断；

（2）是否停水或水压太低；

（3）是否已将进水管接妥，且将水龙头打开；

（4）进水阀上的过滤网是否被污物堵塞；

（5）进水阀线圈损坏（进水阀通电后有轻微电磁声属正常现象）；

（6）是否按下电源开关后，未按下启动/暂停键。

2. 无洗涤。

检查事项：

（1）是否停电或保险丝烧断；

（2）是否电源电压太低；

（3）进水量是否到所需水位（进水量没到设定水位洗衣机不会工作）；

（4）是否已设定“预约”洗（必须到所设定的预约时间才开始工作）。

3. 排水异常。

检查事项：

（1）是否已经将排水管放下；

（2）排水管末端是否浸在水中或排水管末端被密封在下水道中；

（3）排水阀座内橡皮密封圈是否被污物堵塞；

（4）排水管是否高于地面15cm以上；

（5）延长排水管是否长于3cm或直径过细。

第五节　空　调

空调即空气调节器，挂式空调是一种用于给空间区域（一般为密闭）提供处理空气的机组。它的功能是对该房间（或封闭空间、区域）内空气的温度、湿度、洁净度和空气流速等参数进行调节，从而满足人体舒适或工艺过程的要求。

空调按照电源形式，可分为I类空调（有地线）和II类空调（无地线，如车载空调，船载空调等等）。

空调的功能：

1. 降温。在空调器设计与制造中，一般允许将温度控制在16－32℃之间。如若温度设定过低时，一方面增加不必要的电力消耗，另一方面造成室内外温差偏大时，人们进出房间不能很快适应温度变化，易患感冒。

2. 除湿。空调器在制冷过程中伴有除湿作用。人们感觉舒适的环境相对湿度应在40%－60%左右，相对湿度过大如在90%以上，即使温度在舒适范围内，人的感觉仍然不佳。

3. 升温。热泵型与电热型空调器都有升温功能。升温能力随室外环境温度下降逐步变小，若温度在－5℃时则几乎不能满足供热要求。

4. 净化空气。空气中含一定量有害气体如 NH_3、SO_2 等，以及各种汗臭和浴厕臭等臭气。

空调器净化方法有：换新风、过滤、利用活性碳或光触媒吸附和吸收等。

A. 换新风：利用风机系统将室内潮湿空气往室外排，使室内形成一定程度负压，新鲜空气从四周门缝、窗缝进入室内，以改善室内空气质量。

B. 光触媒：在光的照射下可以再生，将吸附的氨气、尼古丁、硫化氢等有害物质释放掉，可重新使用。

5. 增加空气负离子浓度。空气中带电微粒浓度大小，会影响人体舒适感。空调上安装负离子发生器可增加空气负离子度，使环境更舒适，并对降低血压、抑制哮喘等方面有一定医疗效果。

（一）购买空调注意事项

好空调可以用十年之久，价格也不低。因此，买空调不能贪便宜，而要看产品的质量：

1. 是否使用名牌压缩机，压缩机是空调器的心脏，好的心脏当然非常重要。

2. 是否使用优质高效热交换器。

3. 是否采用不等距贯流风叶大风轮和步进电视驱动风摆，实现超静音的设计。

4. 是否是超强制冷（热），快速达到设定温度的目的。

5. 产品的外形是否美观，是否同家居环境和谐统一。

6. 产品的制冷（热）量，根据房间的面积选择合适的制冷（热）量。

7. 产品是否省电，一般来说，制冷（热）量越高，输入功率越低的产品则越省电。

8. 寿命的长短。是否采用微电脑模糊控制，实现不停机运转，是否能够自动除霜。

9. 看产品的噪音指标。

10. 是否有低电压自动补偿功能、有宽电压工作范围。

11. 尽量选择低碳空调减低碳排放，实行低碳环保。

另外购买空调时要看蒸发器、冷凝器的肋片排列整齐，翻片无破损，肋片与紫铜管联结紧密、不松动。检查空调运行情况，启动空调器看压缩机运行中有无异常杂音；风扇运转正常，高、中、低速有明显区别，噪声小；还有外观平整、镀件质量好。

空调选购的四大原则：

1. 看准品牌。现在市场上的空调品牌较多，有国内的，有国外的，大都有自己独特的广告宣传，让消费者难以抉择。建议在选购空调时，要选那些企业实力强，品牌知名度高，售后服务完善的产品。这是基于两种考虑，首先是可保证售后服务的落实，因为空调是一种大型家用电器，售后服务十分重要。按国家有关规定，压缩机应保修3年，而家电市场的竞争几近白热化，一些生产厂家往往存活期较短，有的三五年就倒下了。企业倒了，其承诺自然也就难以落实。其次是从要质量上考虑，因为企业实力强、品牌知名度高的空调，相对而言质量比较稳定。这样的企业不仅技术力量雄厚，而且本身也特别重视质量，买这样的产品质量是有保障的。

2. 要挑好商家。消费者在选定空调品牌之后，还要决定在哪里购买。在买空调时，选择商家尤为重要。因为严格说空调是一种半成品，不是从商店里买回来就能使用，而是要经过专业队伍安装、调试之后，方可使用。如果安装、调试不好，会带来一系列毛病，譬如，管道连接处泄漏、调试中人为造成故障。这些不仅会影响使用效果，更会平添许多烦恼。与此同时，厂家的许多售后服务措施也需要商家去执行、落实。因此选好商家至关重要。在对商家的选择中，业内人士建议，首先要选择那些实力雄厚，在当地有影响的大商家，因为这些商家经营品种多、销售多，一般都有专业安装、调试队伍，其安装、调试质量有保障，售后服务也较完善。其次是选择那些长期经销空调的商家，尽量不要到短期经销商那里去买，因为这样的经销商售后服务将会大打折扣。

3. 量房购买。空调是一种消费大的家用电器，如果选择的功率太小，起不了作用；如果功率太大，又浪费。所以消费者在选择空调功率时，要量房购买。一是不要贪大，有的消费者喜欢购买大空调，这是不可取的，因为除了一些特殊因素外，家用空调都有它的使用范围。消费者在选购时要根据自己居室的面积来选择空调的型号，一般可按下面的公式计算房间所需的制冷量、制热量。制冷量房间面积 × 140W 至 180W；制热量房间面积 × 180W 至 240W。此外还应根据房间的朝向、楼层高低及密封程度作适当增减。二是要根据房间的设计情况，灵活购买。合理的做法是，应根据房型，买些小功率空调，各管各房。这样，表面看来，首期投入多，但长期看来，却还是合算的。譬如一套 110 平方米的三室二厅，可买一台柜式 2 匹空调放在客厅，既可保客厅又可保餐厅，卧室可分装 1 匹的小空调。这样要比只买一台 3 匹的大空调放在客厅要合理一些。

4. 巧选时机。买空调与其他大部分家电商品不同，它有一个随着气温变动而上下浮动的价位。据了解，从上一年的 10 月份到下一年的 3 月底，是淡季；而从 4 月到 9 月则是旺季，旺季和淡季的价差在 7% -10% 左右，一台空调可便宜几百乃至上千元。在旺季里，其中的六、七、八三个月又是旺中之旺，一些厂家还会根据当时的销售态势，再相应调整价格。所以在买空调时，如果善抓时机，则可节约不少开支。

家用中央空调选购安装步骤：

第一步：确定主机型号

首先要考虑房屋的面积和朝向，看是否有大面积的玻璃窗，以此来计算空调最大的同时使用系数。一般而言，在普通家居环境中，实际使用时所需要的冷量往往不是全部房间冷量的综合，而是低于后者，前者大约只需要达到后者的 60%、70% 即可，这样可节省投资。房间实际所需冷量可通过以下公式计算：

实际受冷面积 = 房屋建筑面积 × 房屋实用率 × 65%（除去厨房、洗手间等非制冷面积）

实际所需冷量 = 实际受冷面积 × 单位面积制冷量

第二步：确定室内机与风口

根据实际所需冷量大小决定型号，每个房间或厅只需要一台室内机或者风口，如果客厅的面积较大，可以多加一台室内机或风口。以每12平方米需要一匹左右为准。

第三步：确定空调布局：

1. 主机的位置要讲究通风散热良好，便于检修维护，同时位置要尽量隐蔽，避免影响房子外观；

2. 室内机的位置要和室内装修布局配合，一般是暗藏在吊顶内，也可以隐藏在高柜的顶部。一般室内机都是超薄型的，只需要大约25厘米的高度就可以放置。安装时要注意回风良好，使室内空气形成循环，以保证空调效果。

空调品牌

空调十大品牌

1. 三菱电机（世界名牌，中国驰名商标，国家免检产品，空调十大品牌）

2. 大金（世界名牌，空调十大品牌，1924年日本大阪）

3. 松下（世界名牌，中国驰名商标，国家免检产品，空调十大品牌）

4. 海尔（中国名牌，中国驰名商标，国家免检产品，空调十大品牌）

5. 格力（中国名牌，中国驰名商标，国家免检产品，空调十大品牌）

6. 海信（中国驰名商标，空调十大品牌）

7. 春兰（中国名牌，中国驰名商标，国家免检产品，空调十大品牌）

8. 奥克斯（中国名牌，中国驰名商标，国家免检产品，空调十大品牌）

9. 美的（国家免检产品，空调十大品牌）

10. 日立（中国名牌，中国驰名商标，国家免检产品，空调十大品牌）

十大中央空调品牌

大金空调（世界名牌，1924 年日本大阪，十佳中央空调品牌）

格力（中国名牌，中国驰名商标，珠海格力集团，中央空调品牌）

美的（世界名牌，中国驰名商标，一线品牌/牌子，中央空调品牌）

海尔（世界名牌，中国驰名商标，一线品牌/牌子，中央空调品牌）

远大中央空调（中国驰名商标，中国名牌，十佳中央空调品牌）

约克中央空调（1874 年美国，全球最大空调制造商之一，中央空调品牌）

开利中央空调（1902 年美国，全球最大空调制造商之一，中央空调品牌）

特灵中央空调（中央空调专业知名品牌，十佳中央空调品牌）

日立中央空调（1910 年成立于日本，十佳中央空调品牌）

麦克维尔（1872 年美国，全球最大空调制造商之一，中央空调品牌）

（二）使用方法

夏季居民用电量大，空调省电可以说是家电节电的一个重要手段。专家提出，在用电高峰如果把空调在习惯温度的基础上调高 1℃，可节约 10% 的电力负荷；使用空调的睡眠功能可以节电 20%。如果一座 300 个房间的宾馆空调温度调高 1℃，将解决几十户人家的用电问题。而每节约 1 度电，就相应地节约了 0.4 千克的标准煤，4 升净水，减少 0.272 千克的碳粉尘、0.997 千克的二氧化碳、0.03 千克二氧化硫。更不用说从“耗电大户”空调入手节约用电，在节约能源的同时，也节约了可观的金钱。科学实验证明，人体感觉舒适的室内温度，夏季在 24－28℃，冬季在 18－22℃。以下方法可以参考。

第一招：不要一味地贪图空调的低温，空调温度设定适当即可，因为空调在制冷时，设定温度提高 2℃，就可节电 20%，专家表示对于静坐或正在进行轻度劳动的人来说，室内可以接受的温度一般在 27－28℃ 之间，所以这个时候，大家可以将空调设定为睡眠档，也可节省用电。

第二招：选择制冷功率适中的空调。一台制冷功率不足的空调，不仅不能提供足够的制冷效果，而且由于长时间不间断地运转，还会减短空调的使用寿命，增加空调出故障的可能性。据介绍，如果空调的制冷功率过大，就会使空调的恒温器过于频繁地开关，从而导致对空调压缩机的磨损加大；同时也会造成空调耗电量的增加。

第三招：开空调时关闭门窗。空调房间不要频频开门，以减少热空气渗入。同时对于有换气功能的空调和窗式空调，在室内无异味的情况下，也可以不开风门换气，这样可以节省 5%－8% 的能量。

（三）空调的日常维护

空调机的维护、清洗是空调保养的主要关键，有利于提高制冷效果，有利缩短降温时间，有利空调节能，有利延长空调机使用寿命，是合理使用空调，加强规范管理的重要组成部分。以前空调用户对空调机维护、清洗重视不够，现在应当加强在这一领域工作，促进空调行业发展。

1. 开机前的维护。通常家用空调机使用到九月份就关机停用，到次年五月至六月才开机，停用半年多。所以空调开机前一定要做一次全面的“诊断”，查一查空调设备有否“毛病”，根据清查结果，做好维护清洗工作，这次维护清洗要比较到位，含室外机和室内机的外壳、机体、过滤网，然后开始试运行，观测制冷速度和效果。

2. 开机过程中的维护。空调开机后视环境条件、气候条件、开机时数，周围灰尘、空气洁净度、房间是否干净等诸多因素决定空调开机过程中的维护次数。环境条件欠佳，天气炎热，空调机陈旧，空调开机时数长，空调开机过程中的维护次数增多，通常一个半月左右维护一次。若环境条件好，空调机比较新，空气中灰尘少，空调开机合理，与电风扇交替使用，可以适当延长维护周期，从空调开机到空调关机维护 1－2 次。维护应认真、不留死角。符合规范，提高制冷速度、制冷效果，达到节能、清新、舒适。

3. 关闭后的维护。天气转暖，空调机开启，天气转凉，空调机关闭，这是常年规律。注意空调机关闭前应对室外机、室内机做一次全面仔细的检查。保养、维护、清洗要一环扣一环，不能脱节，易漏环节更应扣紧，严格检查，完成上述环节后，套好空调机机罩，防止灰尘污染，防止空调机滴水与进水，准备来年再用，这样做到清洁、节能、延长空调设备的使用寿命。对知名品牌的优质分体机，柜机要重点保护，充分发挥节能效果。

4. 一般空调保养保养维护。

（1）清除通风口的杂物，保证通风正常。观察室外机架有无松动现象，清洁室外通风网罩内有无异物。同时，要保持通风口的畅通无阻。

（2）室内、外换热器表面清洗，提高换热器的效率。清理室内换热器时，应小心拿下面板，用柔软的抹布擦洗，使用小毛刷轻轻刷洗完内机的换热器，这样达到清除灰尘和可繁殖病菌的有害积聚物的目的。但是注意由于散热片是很薄的铝质材料，受力后容易变形。

（3）清洗过滤网上的积灰。在清洗过滤网的时候，首先切断电源，再打开进风栅；取出过滤网，用水或吸尘器清洗过滤网，水温不要超过 40℃，用热的湿布或中性洗涤剂清洗，再用干布擦净，同时不能用杀虫剂或其他化学洗涤剂清洗过滤网。

（4）清洗排水部分的污垢和积聚物。排水部分容易沉积污垢，必须定期进行彻底消毒，保证排水通畅。

（5）检查其他。包括供电线路、插头插板、开关；检查易耗损件，如导风转板、光触媒等部件状况，确保空调状况良好无异常。

5. 特殊时段空调保养。

在 3－5 月和 9－11 月温度适中的季节里，人们一般让空调处于非工作状态。在不使用空调的季节，首先应当断掉空调器电源，但最好保持一个月开机一次的使用量，以防止长时间不使用导致机内润滑油凝结。同时，为保证空调的长期高速运转及使用使命的延长，在暂停使用和开始使用空调的时候，还要注意对空调的恰当养护。

（1）使用季节结束后。可在让空调暂停使用之前，在晴天里将空调设为送风状态，开机运转半天左右，使空调内部完全干透；同时还应将滤尘网、室外机等清洗干净。

（2）使用季节开始前。检查室内和室外机组的进风口、出风口有无障碍物；安装好滤尘网，避免因灰尘进入机器内部而损坏机器或引发故障；遥控器的清洗要用干布，不要用玻璃清洗剂或含有化学物质的布，清洁后要装入两节型号相同的新电池。

6. 清洗方法。

空调机的清洗应该包括三个部分，第一空调机体外壳和裸露部分，容易受污染的部件；第二过滤网清洗，是核心最重要部位；第三冷凝器和蒸发器部分，比较少见，与维修结合在一块，相当于小系统的清洗，属于比较大“手术”，往往出现在陈旧空调机或“特价机”、“劣质机”，这一类空调机相当大部分没有清洗和维修价值，不再详述。

关于空调机体外壳和相应部件的清洗简单，只要清水中加少许肥皂粉和洗洁精，或专门空调机清洗液就可以把空调机相当部分清洗干净，从而符合清洗操作要求。至于家用空调清洗的关键部位是过滤网的清洗，首先把空调室内机盖打开，取出过滤网，用干净过滤网刷子刷一刷，把附在过滤网上的绝大部分脏物刷干净，然后浸泡在含有特效空调机清洗液或自制清洗液或洗洁精和肥皂粉的混合液中，浸泡时间 10 – 20 分钟，视过滤网肮脏度而定，浸泡完用瓶刷轻轻刷过滤网，让每个滤孔清澈透明，无脏堵痕迹，再经过特殊擦净布擦干，检查完好无损，把过滤网安装到机体后，视运行是否正常。若正常可以签单验收，清洗工作结束。家用空调机清洗有利提高制冷效率；有利提高制冷效果，有利延长家用空调机设备的寿命，有利提高节能效果，效果比“健康空调机”更健康、更理想。

空调行业的多年实践证明，空调机每年清洗2-3次为最佳。通常空调开机前清洗一次，空调开机中间时段清洗一次，空调关机时清洗一次，这样比较合理。有时空调关机时，经过一次保养、清洗等工序的大清理，空调机套上机罩，待来年开启比较干净，过滤网亦洁净，这时把空调开机前的一次清理免除，就是一年清洗二次，效果很好，节省人工和费用，降低运行成本，不影响制冷效果。

7. 注意事项。

家用空调的使用注意事项：

（1）使用前一定要先清洗空调过滤网的积尘。

（2）用消毒液将过滤网浸泡消毒。

（3）有条件的最好在使用前用吸尘器进行室内风机除尘。

（4）每天开机的同时先开窗通风一刻钟，第一次使用的时候应该多通风一些时间，让空调里面积存的细菌、霉菌和螨虫尽量散发。

（5）经常对空调过滤网进行消毒。

（6）室内开空调的时间不要太长，最好经常开窗换气，以降低室内有毒气体的浓度，定期注入新鲜空气。

（7）要注意调整室内外温差，一般不超过8-10℃为好。

（8）严禁在房间吸烟。

（9）注意空调在运转时，千万不要对着它喷洒杀虫剂或挥发性液体，以免漏电酿成事故。

8. 空调使用注意事项。

（1）电源电压不可波动太大，且空调器应专线供电，使用单相三孔插座，另外插头要插到底。

（2）室内机组的外壳要经常清洁处理，一般可用清洁的干布拭擦干净或用中性洗涤剂拭擦，绝对不允许用水直接冲洗，如果使用布擦拭时也要在断电后进行。

（3）室内温度不可调得太低，否则对人体不利，应适当调节设定温度。

（4）若感到室内温度过高，可适当降低设定温度。

（5）有效使用定时器，可达到既节能又舒适的效果。

（6）空调房间内人员不可过多、过挤、否则冷量显得不足，温度难以下降；

（7）房间门窗不可频繁开关，人员不可以频繁进出，以免冷气损失；

（8）玻璃窗一定要关紧、严密，内部要挂双层白色窗帘用以反射一部分透入的光和热；

（9）室内换气时可以短暂地开窗，开窗时间一般不超过 10 分钟；

（10）空气过滤器应定期清洗，否则气流受阻，造成风量不足，室温升高；

（11）睡眠时要调节温度，空调器可自动进行睡眠温度调节；

（12）室外机组安装要牢靠，减少振动和噪音，冷凝器的吸、排风口前要留有足够空间以利通风，若风力受阻，冷凝压力升高将会导致停机；

（13）室内机组前也不应有障碍物，否则影响出风；

（14）空调器刚运转时为急速降温可将选择开关调至高速档，待温度下降后再调至中速低速档；

（15）窗式空调器通风换气可使用通风开关，但换气时间不要超过 15 分钟；

（16）空调器室外散热器上积灰太多会使效率下降，应定期检查和清扫室外散热器；

（17）分体式空调器室外机组不可用棍棒类物体插入，否则风扇将被卡住或损坏；

（18）当感到空调器使用不理想时应查阅使用说明书，分析是否因使用不当而引起，查明原因后再进行纠正；

（19）发现故障后不能自行处理时，可找原安装部门的专业维修技工解决，或与该品牌公司当地服务人员联系，不可以自行修理或找非专业人员检修；

（20）空调器不使用时应及时拔掉电源；

（21）空调器停机后必须待三分钟后再次启动，以达到保护压缩机的目的；

（22）带有遥控器的空调器在使用中不要被小孩当成玩具操作，以免损坏机器。

能够在一定的范围内连续调节压缩机的频率或转速，即可改变制冷剂的流量，而发挥最能与环境状态相匹配的能力而自动调节输出的新型空调器。变频空调器采用数字信号处理和模拟控制与人工智能控制相结合。与普通空调相比，变频空调具有制冷制热迅速强劲，高效节能，智能除霜，除湿量大，超静音，宽电压工作等优点。

9. 空调使用的五条禁忌。

第一条：紧闭门窗不能长时间依赖空调升降温，要间断开窗通风，保持室内空气流通，避免缺乏新鲜的空气。

第二条：不安装换气设备在安装空调的同时安装一台负氧离子发生器和一台换气机，能为空调房间输送大量经过过滤新鲜的空气。

第三条：室内外温差过大。夏季不要把室内温度调得过低，室内外温差以5－8℃为佳。

第四条：设备不清洁。对空调及除湿装置要定期检查并进行清洗，尤其要按时清洁过滤网，使之真正能起到滤粉尘、病菌和有害气体的作用。

第五条：日常使用时，不要将温度设置得过低，以免空调器长期处于高速运行状态而影响使用寿命。最好设置为自动方式挡，这样既能快速制冷，又能节电。

（四）空调故障及判断方法

1. 常见故障现象。

（1）漏：指制冷剂泄漏；电气绝缘破损引起的漏电等。

（2）堵：指制冷系统的脏堵与冰堵；空气过滤器堵塞；进风口、出风口被障碍物堵塞等等。

（3）断：指电气线路断线；熔断器熔断；由于过热或电流过大

引起过载保护器的触点断开；由于制冷系统压力不正常引起压力继电器的触点断开，等等。

(4) 烧：指压缩机电动机的绕组、风扇电动机的绕组、电器线圈和触点等被烧毁。

(5) 卡：指压缩机卡住、风扇卡住、运动部件的轴承卡住等。

(6) 破损：指压缩机阀片破损、活塞拉毛、风扇扇叶断裂以及各种部件破损等。

2. 故障判断方法。对家用空调器常见故障的判断基本方法是：看、听、摸、测、析。

(1) 看：仔细观察空调器各部件的工作情况，重点观察制冷系统、电气系统、风系统三部分，判断它们工作是否正常工作。

制冷系统：观察制冷系统各管路有无裂缝、结霜与结露等情况；制冷管路之间、管路与壳体等有无相碰摩擦，特别是制冷剂管路焊接处，接头连接处有无泄漏，凡是泄漏处就会有油污（制冷系统中有一定量的冷冻机油），也可用干净的软布、软纸擦拭管路焊接处与接头连接处，观察有无油污，以判断是否出现泄漏。

电气系统：观察电气系统熔丝是否熔断，电气导线的绝缘是否完整无损，电路板有无断裂，连接处有无松脱等。特别是电气连接是否接触良好，接线螺丝、插接件极易松脱造成接触不良。

通风系统：观察空气过滤网、热交换器盘管和翅片是否积尘过多；进风口、出风口是不是畅通；风机与扇叶运转是否正常；风力大小是否正常等。

(2) 听：通电开机细听空调器压缩机运转声音是否正常，有无异常声音，风扇运转有无杂音，噪音是否过大等。空调器在运行中，正常情况下振动轻微、噪声较小。如果振动和噪声过大，可能原因有：安装不当。如支架尺寸与机组不符、固定不紧或未加减振橡胶、泡沫塑料垫等，均可使空调器在运转时振动加剧、噪声变大。尤其在刚启动和停机时表现得显著。

压缩机不正常振动。底座安装不良，支脚不水平，防震橡胶或防震弹簧安装不良或防震效果不佳等。如果压缩机内部发生故障，如阀片破碎等也会发出异常声音。

风扇碰击。风扇叶片安装不良或变形会引起碰撞声。风扇可能与壁壳、底盘相碰，风扇的轴心窜动，叶片失去平衡会发出撞击声；如果风扇内有异物，叶片与之相碰也会发生撞击声。

（3）摸：用手摸空调器有关部位感受其冷热、振颤等情况，有助于判断故障性质与部位。正常情况下，冷凝器的温度是自上而下逐渐下降，下部的温度稍高于环境温度。若整个冷凝器不热或上部稍有温热，或虽较热但上下相邻两根管道温度有明显差异，则均属不正常。蒸发器在正常情况下，将蘸有水的手指放在蒸发器表面，会有冰冷粘住的感觉。干燥器、出口处毛细管在正常情况下应有温热感，如感到比环境温度低或表面有露珠凝结及毛细管各段有温差等均不正常。距压缩机200毫米处的吸气管，在正常情况下，其温度应与环境温度差不多。

（4）测：为了准确判断故障的性质与部位，常要用仪器、仪表检查测量空调器的性能参数和状态。如用检漏仪检查有无制冷剂泄漏；用万用表测量电源电压、各接线端对地电流及运转电流是否符合要求，由电脑控制的空调器，还应测量各控制点的电位是否正常等。

（5）析：经过上述几种检查手段所获得的结果，大多只能反映某种局部状态。空调器各部分之间是彼此联系、互相影响的，一种故障现象可能有多种原因，而一种原因也可能产生多种故障。所以，对局部因素要进行综合比较分析，从而全面准确地判定故障的性质与部位。

（五）空调的危害

当频繁使用空调时，就会出现空调病，症状多为浑身无力、发烧等。

由于频繁使用，给电力也带来很大的压力。

低温环境也会使血管急剧收缩，血流不畅，使关节受损受冷导致关节痛；由于室内与室外温差大，人经常进出会感受到忽冷忽热，这会造成人体内平衡调节系统功能紊乱，平衡失调就会引起头痛，易患感冒。“冷”感觉还可使交感神经兴奋，导致腹腔内血管收缩、胃肠运动减弱，从而出现诸多相应症状。在女性，寒冷刺激可影响卵巢功能，排卵发生障碍，多表现为月经失调。

空气中的阴离子可抑制人体中枢神经系统并起着调节大脑皮质功能状态的作用，然而，空调的过滤器可过多吸附空气中的阴离子，使室内的阳离子增多，阴阳离子正常比例失调造成人体生理的紊乱，导致出现临床症状。空调房间一般都较密封，这使室内空气混浊，细菌含量增加，二氧化碳等有害气体浓度增高，而对人们有益的负离子密度将会降低。在这样的环境中呆得稍久必然会使人头晕目眩。

过敏性鼻炎患者长时间呆在空调屋里还有可能引起过敏性鼻炎的复发。空调房内有大量易导致过敏性鼻炎复发的物质——螨虫，而其最适宜生存在25℃左右的环境中。长期在空调房内要定期开窗通风，床单被褥要经常用60℃的热水洗烫，地毯要定期吸尘，窗帘要经常清洗。

（六）空调省电窍门

1. 不要贪图空调的低温，温度设定适当即可。因为空调在制冷时，设定温度高2℃，就可节电20%。对于静坐或正在进行轻度劳动的人来说，室内可接受的温度一般在27－28℃之间。

2. 过滤网要常清洗。太多灰尘会塞住网孔，使空调加倍费力。

3. 改进房间的维护结构。对一些房间的门窗结构较差，缝隙较大的，可做一些应急性改善；如用胶水纸带封住窗缝，并在玻璃窗外贴一层透明的塑料薄膜、采用遮阳窗帘，室内墙壁贴木制板或塑料板，在墙外涂刷白色涂料等，减少通过外墙带来的冷气损耗。

4. 选择制冷功率适中的空调。一台制冷功率不足的空调，不仅不能提供足够的制冷效果，还会减短空调的使用寿命，增加空调产生使用故障的可能性。另外，如果空调的制冷功率过大，就会使空调的恒温器过于频繁地开关，从而导致对空调压缩机的磨损加大；同时也会造成空调耗电器的增加。

5. 空调制冷时，导风板的位置调置为水平方向，制冷的效果会更加好。

6. 连接室内机和室外机的空调配管短且不弯曲，制冷效果好且不费电。即使不得已必须要弯曲的话，要保持配管处于水平位置。

第六节 微 波 炉

微波炉，顾名思义，就是用微波来煮饭烧菜的工具。微波炉是一种用微波加热食品的现代化烹调灶具。微波是电磁波的一种。微波炉由电源、磁控管、控制电路和烹调腔等部分组成。电源向磁控管提供大约4000伏高压，磁控管在电源激励下，连续产生微波，再经过波导系统，耦合到烹调腔内。在烹调腔的进口处附近，有一个可旋转的搅拌器，因为搅拌器是风扇状的金属，旋转起来以后对微波具有各个方向的反射，所以能够把微波能量均匀地分布在烹调腔内，从而加热食物。微波炉的功率范围一般为500－1000W。

（一）购买微波炉注意事项

1. 应选购经国家安全认证的微波炉。

2. 型式、容量：微波炉的种类很多，输出功率有500W、600W、800W、1000W等多种。容量也有0.6、0.7、0.9、1.0ft3（1ft＝0.3048m）等不同的规格。选购时既要考虑家庭的经济能力和人口多少，也要考虑家庭电路和电表的负荷能力。就现阶段普通家庭3－4口人的生活水准而言，择功率在800－1000W左右的普通转盘式微波炉，无论从价格、容量等诸方面考虑，都比较适宜。

3. 外观质量：对微波炉外观质量的选择则包括造型、表面质量和零部件的配合。

（1）造型是看该产品的造型是否美观大方；

（2）色彩是看该产品的颜色是否为你喜欢，产品上的各种颜色是否协调，该产品与安置处其他家具和器具的颜色是否协调；

（3）表面质量是查看产品表面的涂层、漆层或镀层有无机械碰伤和擦伤，各部件有无裂缝，损伤；

（4）面板要求平整无凹度，无碰伤，无机加工痕迹，色泽均匀，光泽好，图案、字符清楚。

4. 通电试验：将微波炉接通电源，放入一杯水，启动微波炉，注意观察以下几点：

（1）观察炉内是否有照明；

（2）观察炉内玻璃盘是否转动，不转将表明有损坏部件；

（3）水是否被加热，可将一杯 200 毫升的冷水，放入功率为 500W 的微波炉内，开动 4 分钟将水烧开，或放入功率为 600W 的微波内，开动 3 分钟能将水烧开，就属于正常。如不热证明磁控管不工作；

（4）是否有热风排出，磁控管正常工作时如果排风系统不工作将会损坏微波炉；

（5）根据说明书检查控制板所有按键及旋钮是不是功能齐全；

（6）微波炉工作中途，如要打开炉门微波炉应停止工作，不然微波射向炉外将对人产生危害；

（7）轻启炉门时应能听到轻微的“咔嚓”声。这证明门栓钩与微型开关接触良好；

（8）噪音不宜过大。可用一台中波收音机调到无台处，放在靠近炉体的四周，如听不到放电似的噪声，则说明微波屏蔽良好，微波泄漏功率很小。

在购买微波炉的时候除了考虑品牌不同、价格高低、功能类型、外观差异之外，很可能会忽略一些其他的重要因素。而恰恰是这些要素将直接影响到您能否购买一款性价比足够高的微波炉。用最实惠的价格，买到称心如意的产品是每一个消费者的追求。下面将为您介绍购买微波炉时不可忽略的几个关键要素，让您从此不再“打眼”。

1. 箱体大小≠底板大小。

消费者选购微波炉往往看重品牌和容量大小，往往认为容积越大加热越快，忽视了机箱内底板的面积大小。在选择微波炉时，要注意微波炉底板面积的大小，因为底板面积越大，加热越快，热度越高，受热面积越均匀。在底板面积相同的前提下，容积为 23 升和 21 升的微波炉相比，显然是21升的微波炉热效率更高。所以，消费者在选购微波炉时一定要“透过现象看本质”，不可忽视底板尺寸。

2. 底部小平台不得不看。

在平板微波炉的底部会突出一个小平台，在这个小平台内有一个微波搅拌器。通过这个装置把微波打散，使微波从底部均匀地向上输送，进而加热箱体内的食物。小平台的面积越大，与箱体内底板的面积越接近，微波搅拌器将越灵活，把微波打得更均匀。而如果微波炉底部小平台的面积很小，就会使加热的效果大打折扣。

3. 功率概念要分清。

消费者在选购微波炉时，常会考虑的参数就是微波炉功率的大小。在选择微波炉的时候，不能只看功率的高低，要看输出功率的大小。微波炉的输入功率一般会标在机器的后面。输入功率和输出功率的差值越小越好，差值越小，说明微波炉的有效功率越大。

4. 噪声大小关乎耗电。

微波炉瞬间启动后会产生噪音，启动几秒以后可以听微波炉的噪音大小。如果启动时的噪音和微波炉运转几秒后的噪音比起来，差别不是很大，则证明微波炉的性能不是很理想，启动后耗费的无用功太多，耗电量也就更大。

另外，就像数码相机和手机一样，数字控制的微波炉也存在“内存”的问题。例如，在热牛奶的时候会有一个公斤数的界限，不同的微波炉这个上限是不同的。当加热相同重量的同一种食物时，看看哪一个机器的设定时间最短。在保证食物熟的情况下，花费的时间越少，证明这个微波炉的加热速度越快。一般的微波炉都有热牛奶、蒸米饭等常用的功能，顾客在购买微波炉的时候可以让销售人员演示一下，从而更好地选择能效比更高的微波炉。

（二）微波炉的日常维护与使用

1. 清洁。

（1）每次用毕，用湿毛巾将炉的内壁及转盘抹净，再用干毛巾抹去所有水分，并将炉门打开片刻以通风散热。抹干净门缝及门铰，切勿遗留物体引致炉门不能开关而导致泄漏辐射。

（2）炉壁四角、四周与炉门相接之处，应常保持清洁。如有清洁剂或食物碎屑及油渍残留在门铰及门缝上，可用湿布沾些中性洁剂擦去，切勿用磨洁布或粗糙带腐蚀性的清洁剂去擦或用小刀去刮，致伤炉壁的金属保护层。微波炉用过后若不随即擦拭，很容易在内部结成油垢，所以只好用特别的招数除垢：放一杯水入炉，大火热 2 至 3 分钟，让微波炉内充满蒸气，这样可使顽垢因饱含水分而变得松软，从而更容易去除。

（3）如炉内有异味，可置一杯水入炉内，加一汤匙柠檬汁或白醋，大火热 2 至 3 分钟，移去杯子再拭净，异味便可消除。

（4）炉的外壁要不时加以清洁，除去因日常烹调而引起的油污，以免减低微波炉的效能。

（5）炉内应经常保持清洁。在断开电源后，使用湿布与中性洗涤剂擦拭，不要冲洗，切勿让水流入炉内电器中。

2. 使用微波炉的禁忌。

（1）忌用普通塑料容器：一是热的食物会使塑料容器变形，二是普通塑料会放出有毒物质，污染食物，危害人体健康。忌用金属器皿：因为放入炉内的铁、铝、不锈钢、搪瓷等器皿，微波炉在加热时会与之产生电火花并反射微波，既损伤炉体又不能加热食物。切忌使用封闭容器：加热液体时应使用广口容器，因为在封闭容器内食物加热产生的热量不容易散发，使容器内压力过高，易引起爆破事故。忌用瓶颈窄小的瓶装食物：就算打开了盖亦因压力而膨胀，引致爆炸。忌用半满开了盖的瓶装婴儿食物或原瓶放入炉内加热，以免瓶子破裂。凡竹器、漆器等不耐热的容器，有凹凸状的玻璃制品，均不宜在微波炉中使用。瓷制碗碟不能镶有金、银花边。使用专门的微波炉器皿盛装食物放入微波炉中加热。

（2）忌超时加热：食品放入微波炉解冻或加热，若忘记取出，如果时间超过 2 小时，则应丢掉不要，以免引起食物中毒。微波炉的加热时间要视材料及用量而定，还和食物新鲜程度、含水量有关。由于各种食物加热时间不一，故在不能肯定食物所需加热时间时，应以较短时间为宜，加热后可视食物的生熟程度再追加加热时间。否则，如时间太长，会使食物变得发硬，失去香、色、味，甚至可能会产生毒素。按照食物的种类和烹饪要求，调节定时及功率（温度）旋钮，可以仔细阅读说明书，并加以了解。

(3) 忌将肉类加热至半熟后再用微波炉加热：因为在半熟的食品中细菌仍会生长，第二次再用微波炉加热时，由于时间短，不可能将细菌全杀死。冰冻肉类食品须先在微波炉中解冻，再加热为熟食。

(4) 忌再冷冻经微波炉解冻过的肉类：因为肉类在微波炉中解冻后，实际上已将外面一层低温加热了，在此温度下细菌是可以繁殖的，虽然再冷冻可使其繁殖停止，却不能将活菌杀死。已用微波炉解冻的肉类，如果再放入冰箱冷冻，必须加热至全熟。

(5) 忌油炸食品：因高温油会发生飞溅导致火灾。如万一不慎引起炉内起火时，切忌开门，而应先关闭电源，并待火熄灭后再开门降温。

(6) 忌将微波炉置于卧室，并应注意不要用物品覆盖微波炉上的散热窗栅。

(7) 忌长时间在微波炉前工作：开启微炉后，人应远离微波炉或人距离微波炉至少在 1 米之外。

(8) 忌与其他电器共用同一插座，要用单一电源且装接了地线的插座。

(9) 忌用微波炉暖婴儿的牛奶，因为牛奶热得不均匀时，容易灼伤婴儿。另外会使牛奶的营养成分破坏。

(10) 忌用微波炉去烘干衣服或者把硬化的指甲油煮软，以防止起火。

(11) 忌徒手去移出微波炉内的食物。盛器及盖子加热后往往积聚了蒸气，又会吸收食物的热气，而变得十分烫手，应用防热手套或垫子，以防灼伤。

(12) 不允许无含水食物放置微波炉内而使微波炉工作，会损坏微波炉。

（三）微波炉省电技巧

1. 微波炉不容易使食物表面着色，可以在烹调前将调味料涂于食物表面，使其呈深褐色。

2. 微波炉加热的食物温度极高，容易蒸发水分，烹调时宜覆盖耐热保鲜膜或耐温玻璃盖来保持水分。鸡胸或鱼头、鱼尾部或蛋糕的角端等部位易于烹调过度，用铝箔纸遮裹可达到烹调均匀的目的。

3. 在加热结束时，把食物搁置一段时间或对有些食品添配一些作料（如烹饪家禽肉类后，可浇上乳化的油或调味汁，再撒些辣椒粉等），可达到加热不能做到的满意效果。

4. 食物应平均排列，勿堆成一堆，以便使食物能均匀生热。小块食物比大块食物熟得快。食品形状越规则，微波加热就越均匀，一般情况下，应将食物切成大小适宜、形状均匀的片或块。

5. 食物如果有坚硬的表皮，必须剥去后才能烹调。

6. 食物的本身温度越高，烹调时间就越短；夏天加热时间较冬天时短。烹饪浓稠致密的食物较多孔疏松的食物加热所需时间长。

7. 用微波炉烹饪食物时，宁可烹饪不足也不要烹饪过度。微波炉重新烹饪是不会影响菜肴的色香味。

8. 用微波炉烹饪时，应尽量减少用盐量，这样可避免烹饪的食物外熟内生的结果。

第七节　电　磁　炉

电磁炉又名电磁灶，它无需明火或传导式加热而让热直接在锅底产生，因此热效率得到了极大的提高。是一种高效节能橱具，完全区别于传统所有的有火或无火传导加热厨具。电磁炉是利用电磁感应加热原理制成的电气烹饪器具。由高频感应加热线圈、高频电力转换装置、控制器及铁磁材料锅底炊具等部分组成。使用时，加热线圈中通入交变电流，线圈周围便产生一交变磁场，交变磁场的磁力线大部分通过金属锅体，在锅底中产生大量涡流，从而产生烹饪所需的热。在加热过程中没有明火，因此安全、卫生。

（一）购买电磁炉注意事项

产品测试分五步：

1. 听听声音。

接通电源开机，除了正常的散热风扇的声音（电磁炉在工作时有规律的发出声音是正常的），应听不到其他杂音以及电流声。

2. 测试按键。

逐个测试所有按键功能是不是都能正常操作，淘汰按键失灵的产品。

3. 测试安全性。（在200到300元之间的电磁炉，一般应带以下功能）

（1）无锅保护。在工作状态下移开锅具，观察电磁炉是否能自动报警，通常在2分钟左右会自动切断电源。

（2）空锅保护。空锅加热时间稍长，电磁炉应当会自动发出报警并停止加热。有些电磁炉没有此项功能。

（3）不当加热保护。试试在炉面放置铁汤勺等小件物品然后开机，通常锅具面积少于65%时不能正常加热。有的电磁炉没有此项功能。

4. 测试锅具适应性。通电加热过程中，重复多次取锅、放锅的动作，看看恢复加热的时间是否正常，通常取锅后放回1－3秒就会恢复加热，如果恢复时间大于5秒，就说明这款机器对锅具适应性不好。

5. 测试温控。检查电磁炉是否有100℃温区设计，用配套的锅具烧水，看水开后设定在100℃挡位是否还能维持沸腾状态。温度设计不准会导致烧机隐患，因为内部的很多保护功能是基于温度监测的。在烧水过程中，可把锅向边缘移1/4或1/3，保持1－2分钟左右，应能继续加热，则说明电磁炉加热功能正常。在选择时，尽量选温度调节挡多的，在100℃至270℃间如能按10或20逐级递升的，使用则会更方便。

（二）电磁炉的日常维护

1. 电源线要符合要求。

电磁炉由于功率大，在配置电源线时，应选能承受15A电流的铜芯线，配套使用的插座、插头、开关等也要达到这一要求。否则，电磁炉工作时的大电流会使电线、插座等发热或烧毁。另外，如果可能，最好在电源线插座处安装一只保险盒，以确保安全。

2. 放置要平整。

放置电磁炉的桌面要平整，特别是在餐桌上吃火锅等时更应注意。如果桌面不平，使电磁炉的某一脚悬空，使用时锅具的重力将会迫使炉体强行变形甚至损坏。另外，如桌面有倾斜度，当电磁炉对锅具加温时，锅具产生的微震也易使锅具滑出而发生危险。

3. 保证气孔通畅。

工作中的电磁炉随锅具的升温而升温。因此。在厨房里安放电磁炉时，应保证炉体的进、排气孔处无任何物体阻挡。炉体的侧面、下面不要垫放有可能损害电磁炉的物体、液体。需要提示的是，当电磁炉在工作中如发现其内置的风扇不转，要立即停用，并及时检修。

4. 锅具不可过重。

电磁炉不同于砖或铁等材料结构建造的炉具，其承载重量是有限的，一般连锅具带食物不应超过5公斤，而且锅具底部也不宜过小，以使电磁炉炉面的受压之力不至于过重、过于集中。万一需要对超重超大的锅具进行加热时，应对锅具另设支撑架，再把电磁炉插入锅底。

5. 清洁炉具要得法。

电磁炉同其他电器一样，在使用中要注意防水防潮，和避免接触有害液体。不可把电磁炉放入水中清洗及用水进行直接的冲洗，也不能用溶剂、汽油来清洗炉面或炉体。另外，也不要用金属刷等较硬的工具来擦拭炉面上的油迹污垢。清除污垢可用软布沾水抹去。如是油污，可用软布沾一点低浓度洗衣粉水来擦。正在使用或刚使用结束的炉面不要马上用冷水去擦。为避免油污沾污炉面或炉体，减少对电磁炉清洗工作量，在使用电磁炉时可在炉面放一张略大于炉面的纸如废报纸，以此来沾吸锅具内跳、溢出的水、油等污物，用后即可将纸扔弃。

6. 检测炉具保护功能要完好。

电磁炉具有良好的自动检测及自我保护功能，它可以检测出如炉面器具、使用是否得当、炉温是否过高等情况。如电磁炉的这些功能丧失，使用电磁炉是很危险的。

7. 按按钮要轻、干脆。

电磁炉的各按钮属轻触型，使用时手指的用力不要过重，要轻触轻按。当所按动的按钮启动后，手指就应离开，不要按住不放。

8. 炉面有损伤时应停用。

电磁炉炉面是晶化陶瓷板，属于易碎物。

9. 容器水量。

容器水量勿超过七分满，避免加热后溢出造成机板的短路。

10. 容器放置。

容器必须放置电磁炉中央，可避免故障。

11. 加热时保持功率稳定。

加热至高温时，直接拿起容器再放下，易造成故障。

第四章　农家日常生活知识

第一节　医　疗　篇

一、快速止鼻血3法

有的人常常无原因地流鼻血，有的时候堵也堵不住，流血过多，常引起头晕眼花，脸色苍白。快速止血非常必要，现介绍3个办法。

1. 勾中指快速止鼻出血：鼻子流血时，只要自己两只手的中指互相一勾，即可在数十秒内止血。幼儿不会用双手中指互勾，大人可用自己两中指勾住幼儿的左右中指，同样可以止血。

2. 刺儿菜根可止鼻血：将一把刺儿菜根用白布包好把水挤出来，喝下去，鼻血会立刻止住，而且不易再犯。也可以用冷水清洗鼻腔，持续1－3分钟，洗完脸后，再用两中指再鼻侧上下按摩20次左右，每天1－2次，坚持一段时间后，可收到明显效果。

3. 香油防治流鼻血：每晚临睡前，用棉签蘸点香油，涂于鼻孔内壁，涂时最好慢慢向鼻后部位，尤其是鼻中隔处必须涂到，因为此处血管丰富，粘膜很薄易出血。

二、治高血压病6法

1. 刺儿菜能治高血压：将农田里（秋后时期最好）采来的新

鲜刺儿菜200－300克洗净（干刺儿菜约10克），加水500克左右，用温火熬30分钟左右（干菜时间要长些），待熬好的水温晾至40℃左右时，一次服下，把菜同时吃掉更好。每天煎服一两次，一周可显效，常喝此药，即可稳定血压。

2. 干玉米须可治高血压：从自然成熟的老玉米穗上采玉米须（即雌花的细丝状干花柱）50克，煮水喝，可以有效治疗高血压。

3. 芥末煮水洗脚可降压：芥末面250克（副食店有售）分成三等份；每次取一份放在洗脚盆里，加半盆水搅匀，用炉火煮开；稍放一会，以免得烫伤脚，用此水洗脚。每天早晚各1次，1天后血压就可下降，再用药物巩固一段时间，效果更好。此方无副作用。

4. 葡萄汁送服降压药效果好：用葡萄汁代替白开水送服降压药，血压降得平稳，可不出现忽高忽低。

5. 明矾枕头可降血压：取明矾3－3.5千克，捣碎成花生米大小的块粒，装进枕芯中，用此当枕头，可降低血压。

6. 鲜藕芝麻冰糖治高血压：鲜藕1250克，切条或片状，再将生芝麻500克压碎放入藕条（片）中，并加入冰糖500克，上锅蒸熟，分成5份，凉后食用，每天1份，一般服用1副（5份）即愈。

三、治胃寒3法

1. 鲜姜、白糖治胃寒痛：鲜姜500克（细末），白糖250克，腌在一起；每日3次，饭前吃，每次1勺（普通汤匙）；坚持吃一星期，一般都能见效；如没彻底好，再继续吃，直至好为止。

2. 白酒烧鸡蛋治胃寒：二锅头白酒50克，将酒倒在茶盅里，打1个鸡蛋，把酒点燃，酒烧干了鸡蛋也熟了，早晨空腹吃。轻者吃一两次可愈。注意鸡蛋不加任何调料。

3. 吃苹果可缓解胃酸：有的人在冬末春初，遇阴冷天或饮食不当，常泛胃酸，非常难受。如果此时吃一个或半个大苹果，胃很快就舒服了。

四、巧用大雪梨疗疾

将大雪梨一个连皮切碎，并加适量水和冰糖炖煮后晾凉服食，可治咳嗽喑哑，咽喉干痛；大雪梨一个去核，装入川贝粉3克，隔水蒸熟，吃梨饮汤，对各种咳喘都有疗效；大雪梨一个，去核切片，鲜藕300克切片，鲜藕叶一张切碎，鲜白茅根30克洗净切断，水煎服，可对咳血、痰中带血有极佳疗效；大雪梨两个，藕节12克，瘦猪肉60克，加水煮食，每日一剂，连服数日，对治疗鼻出血有特效；大雪梨一个，去核后装入冰糖适量，放碗内上锅蒸透，晾凉后食梨饮汤，数九后每日一个，可治愈老年憋气咳喘。

五、麻油拌菠菜润肠又通便

菠菜200克，置沸水中烫约4分钟后捞出，用麻油调拌，早晚各食1次。有利于五脏下气调中，有润肠通便之功。老人、儿童及产妇便秘者皆可食用，尤其适用于高血压、脑外伤后遗症之便秘者。

六、巧治“电视眼”

电视节目，会使您流连忘返，但久看电视，往往会导致“电视眼”即：眼睛胀痛、视力模糊、眼角干涩等症状，为此可以使用几种巧妙对付“电视眼”的小窍门。

1、快速眨眼，缓慢地进行深呼吸。当吐气时，快速地睁眼和闭眼，再慢慢地把气吐干净。

2. 瞅鼻尖，缓慢地深呼吸。当你吸气时，将眼睛做斗鸡状看着自己的鼻尖并同时看到鼻子的两边。当你吐气时，眼睛放松恢复正常，看着一远方的物体，并慢慢把气吐净。

3. 按压穴位。闭上眼睛，把拇指放在太阳穴上。用食指第一和第二节关节间的指腹，平稳地触压眼窝上缘和眼窝下缘，从鼻子往太阳穴方向进行。

4. 灯光治疗。眼睛紧闭，放松，坐在距灯约15厘米远的地方，灯泡最好用150瓦。轻轻地左右摆头，从一侧到另一侧。使眼睛沐浴在温热的灯光中。

5. 热敷冷冰交替治疗。先用热毛巾捂在闭着的眼睛上30秒钟，然后浸一条长毛巾到冰水里，捂在眼睛上，重复几次即可。

七、多用左手可防中风

日本医学家经调查分析认为，因脑血管破裂出血而导致中风者，与在日常生活中多使用右手有直接关系。这是因为一半以上的患者是大脑右半球微血管发生破裂出血。

大脑所支配的肢体是交叉的即左脑支配右半侧身体，右脑支配左半侧身体。平时人们习惯用右手，会使大脑左半球神经的功能和血管的弹性不断得到锻炼和加强，微血管不易发生破裂出。左手使用少，大脑右半球神经的功能和弹性就不及大脑左半球那样得到锻炼和加强，使得在血压增高和血管变硬变脆的情况下，容易发生微血管破裂出血。由此，专家们认为，老年人如果在平时日常生活中能有意识地多使用左手和左脚，多活动多锻炼左侧肢体，能增强大脑右半球血管神经的弹性与功能，有助于预防中风。

八、防晕车三法

1. 晕车者于乘车前一小时，取一伤湿止痛膏片贴于肚脐上（称神阙穴）。如乘车超过一天，第二天另换一贴。可以有效地防止晕车。

2. 上车前将腰带束紧，防止内脏过分在体内游动，这有助于预防晕车病发生。

3. 口含姜片。爱晕车的人，应随身装块鲜姜，在上车前可口含鲜姜2片，这样晕车现象便能大大的减轻。

九、白酒治感冒

方法：将白酒30克倒入碗内，用一小碟蘸酒刮前后胸、曲池和下肢的腘窝部位，直至皮肤发红发热为止，然后再喝一碗红糖姜水，盖好被子，不过一刻钟便大汗淋漓，一次便可痊愈了。

十、治口腔溃疡一法

老年人易患口腔溃疡，并常常影响进食、说话，尤其是在进食刺激性食物时则更加痛苦。用硫酸庆大霉素液局部外擦治疗口腔溃疡效果甚佳。方法是：首先用温开水将口腔漱净，然后把一支 8 万单位的硫酸庆大霉素液瓶头启开，用消毒棉球蘸药液直接涂于口腔溃烂部位，闭嘴 10 - 15 分钟，每日早晚各 1 次，一般擦药 3 次见效，连续用药 3 -5 日即可痊愈。

十一、番茄治七病

番茄原产南美洲，称为“狼桃”。番茄所含成分很多，如番茄素、糖、维生素 A、B、C、D 以及有机酸和酶等。其中维生素 C 的含量为苹果的三四倍。故营养丰富。番茄所含矿物性养分也很多，如铁、镁、钙等，每人每天食用 50 克至 100 克番茄可满足人体对多种维生素和矿物质的需求。它所含有的维生素 P 可以预防毛细血管出血症；含有的铁质是补血的良好食料。它所含的番茄素不仅有抑制细菌的作用。而且对前列腺有保护作用。所含苹果酸、柠檬酸和糖类有助消化和利尿作用。它还含有一种抗癌、抗衰老的物质谷胱甘肽能使体内某些细胞推迟衰老，并使癌病率下降。番茄可以治雀斑，将番茄切开，擦有雀斑处，能使雀斑逐渐减少。高血压是因为血管硬化、肥胖而起，在荷兰等地，一向用番茄作为治疗高血压的饮品，效果显著。

十二、白酒热喝危害少

喝白酒先烫后饮对人体健康有益。因为白酒的主要成分是乙醇（酒精），除此还有醛，饮酒过多会引起酒精中毒。醛虽然不是白酒的主要成分，但对人体的损害要比酒精大得多。可是醛的沸点低，只有 20℃左右，所以只要把酒烫热一些，可以使大部分醛挥发掉，这样对人身体的危害就会少一些。

十三、鼻塞家疗5法

在严寒冬季，室内外温差大，稍不留意易感冒。外出锻炼完，或干活中间休息，若不及时保暖，也易鼻塞头疼。现介绍鼻塞家庭疗法5种。

1. 煎熏法：先将葱白一小把或将葱头（洋葱）三四个切碎煎汤，再用鼻吸热气，或将食醋烧开吸醋气，疗效都较好。

2. 填充法：将葱白捣烂取其汁渗入药棉内，再将药棉塞进鼻孔，或将大蒜瓣1个削成比鼻孔稍小的圆柱形，用薄层棉花或纱布包好塞入鼻孔，效果也不错。

3. 侧卧按摩法：左侧鼻塞向右卧，右侧鼻塞向左卧，用双指夹鼻按揉双侧迎香穴1－2分钟，鼻塞即可除。

4. 热敷法：用热毛巾敷鼻，或用电吹风对着鼻孔吹热风，吹双侧太阳穴、风池穴、大椎穴，鼻塞即可解。

5. 变位法：这种方法适用于婴儿，婴儿鼻塞时，常哭闹不停，这时可将婴儿竖直抱起，很快便能安然入睡了。

十四、大蒜能使胆固醇下降

德国科学家研究出利用大蒜来解决被胆固醇阻塞血管的这一课题。实验表明，食用含有50克大蒜油的黄油面包的人，比单纯食用没有大蒜油的黄油面包的人血管内的胆固醇要低得多。

而另外一个实验的结果发现，病人连续每天吃3克生大蒜，在4个星期后阻塞血管的胆固醇显著下降。但大蒜也不可食过量，否则伤肝和眼睛。

十五、大蒜可治咳

取大蒜十几瓣，捣成泥状放入杯中，加冰糖适量，用开水冲泡，温服当茶饮，每日1次，咳嗽严重者则每日2次，此方具有快速止咳化痰的特效，但胃病患者忌用。

十六、保健小窍门

1. 劳累后喝点醋。

不常活动的人，突然劳动或运动过度，会出现肌肉酸痛的现象。原因是劳动、运动使新陈代谢加快，肌肉里的乳酸增多。如果吃点醋，或在烹调食物时多加些醋，则能使体内积蓄的乳酸完全氧化，加快疲劳的消失。除了多吃点醋之外，吃些含有机酸类多的水果也有不错的效果。

2. 运动后不宜马上洗热水澡。

专家认为，运动的时候，由于肌肉要用劲，流向肌肉的血液增加，心跳也增加，以适应运动所需。运动后，加快了心跳和血液流动，并会持续一段时间。如果立刻洗热水澡，会使血液往肌肉和皮肤的流量继续大量增加。结果可能使剩余的血液不足以供应身体其他的器官需要，尤其是心脏和脑部，导致心脏病突发，或脑部缺氧。

十七、治偏头痛 6 法

偏头痛俗称偏头风。西医称“血管性头痛”。患者头部一侧或双侧胀痛，呈搏动或持续性频繁发作，主要是由于颅内动脉收缩、扩张引起，多见于女性。采用食物治疗，有显著疗效，下面介绍几则：

1. 热水泡双手：洁净热水一盆，把双手浸入。水量以浸过手腕为宜，并不间断地加些热水，以保持水温。浸泡半小时后，痛感可减轻，甚至完全消失。

2. 葱姜泥敷痛处：鲜葱 3 条，姜皮半酒杯，酒槽 1 杯，共捣拌匀，敷于痛处。

3. 辣椒树蔸煎水：辣椒树蔸十个，洗净，水煎加糖服。

4. 白萝卜汁滴鼻：鲜白萝卜一个，捣烂挤汁用于滴鼻。在滴液中也可溶入冰片 1.5 克再用。滴后应保持 20 分钟内汁不外流，1 日 2 次。

5. 服丝瓜、苦瓜藤：将丝瓜藤、苦瓜藤炒枯碾末，每次用开水送服 10－12 克。

6. 服“中药”小方：甘菊花、石膏、川芎各 10 克，研末，每服 3 克，清茶送服。

第二节 家 居 篇

一、家居卫生小窍门

家居卫生既累人又占时间，但若有好的办法，干活就轻松了许多。

1. 扔掉墩布：墩布拖地很沉，容易腰酸背疼，地面也要很长时间才干。用旧毛巾当抹布擦地，干净、干得快、省时间，用旧化纤料效果会更好。

2. 用洁厕灵当疏通剂：隔三差五地用洁厕灵闷会儿马桶，再用水冲洗，能保持马桶通畅。

3. 巧用 84 消毒液：洗衣时纯棉织物被其他衣服染色，将被染衣服泡到稀释后的 84 消毒液中，利用它的脱色性，还衣服的本来面目。

二、除厕臭三法

1. 只要在厕所内放置 1 杯香醋，臭味便会消失。香醋的有效期一般为 6－7 天，也就是说，每隔一周就要更换一次香醋。

2. 清凉油除臭。将一盒清凉油打开盖放在卫生间角落低处，臭味即可清除。一盒清凉油一般可用 2 个月至 3 个月。

3. 过磷酸钙除臭。经常在卫生间撒少许过磷酸钙，臭味就可除去。此法也适用去除鸡笼中的臭味。

三、怎样使房间显得宽敞

1. 在家具上动脑筋。选用组合家具既节省空间又可储放大量物品。家具的颜色可以就用壁面的色彩，这样能使房间空间有开拓感。选用具有多元用途的家具，或折叠式家具，或低矮的家具，或适当缩小整个房间家具的比例，都会产生扩大空间的感觉。

2. 利用配色增加宽阔感。可以以白色为主要的装饰色，墙、天花板、家具都用白色，并稍加淡色的花纹。生活用品也选用浅色，最大限度地发挥浅色产生宽阔感的效果。再适当采用些鲜明的绿色、黄色，可使宽阔感效果更好。

3. 利用镜子产生宽阔感。将镜屏风作为房间的间隔，从两个方向反射，宽阔感增强。在室内面对窗户的墙上，安挂一面大小适当的镜子，一经反射，室内分外明亮，可以显出两个窗户，宽阔感大增。

4. 利用照明产生宽阔感。间接照明虽不太亮，但可产生宽阔感，有些阴暗部分，可使人想到另有空间。

5. 室内的统一可产生宽阔感。用橱子将杂乱的物件收藏起来，装饰色彩有主有次，统一感明显，房间看起来就要宽阔得多。

四、家具变新三招

牛奶擦洗变新法。用一块蘸了牛奶的布，擦拭桌椅等家具，不仅能清除污垢，还可使家具光亮如新。

醋水擦洗变新法。先用半杯清水加入少量醋（水量的1/4），再用软布蘸此溶液擦拭木制家具，可使家具重现光泽。

凉茶擦洗变新法。泡一大杯浓茶，让其变凉后，将一块软布浸透，擦洗木制家具二三次，然后再用地板蜡擦一遍，就可使家具的漆面恢复原来光泽。

五、摆放家用电器的讲究

1. 电视机与沙发对面放置时，距离一般在2米左右，切忌距离太近。否则电视机在工作时迸发出的X射线，对人体会有伤害。

2. 电视机旁不宜摆放花卉、盆景。一方面潮气对电视机有影响；另一方面，电视机的X射线的辐射，会破坏植物生长的细胞正常分裂，以致花木日渐枯萎甚至死亡。

3. 电视机不宜与大功率音箱或者电风扇放在一起。否则音箱和电风扇将震动传给电视机，容易将电视机显像管灯丝震断。

4. 使用电褥子的时候，切忌将电子表或电子计算机放在枕头底下。电子表和电子计算机最怕高温，高温或日光直晒均会使液晶显示日益变黑，字迹不清，最后完全失效。

5. 录音机、电唱机如果没有采取特殊减震措施，不要放在音箱上。因为震动会传导到唱头和磁头上，使放出的音质变差很多。

6. 洗衣机切忌放在潮湿的厕所、厨房等处。长期在潮湿环境下放置，铁皮会锈蚀，同时内部电动机和电器控制部分也将受到潮气侵袭，容易使功能出现障碍。

7. 电烤箱、电饭煲等大功率电热炊具，不能安放得离电源插座太远。因为线长和经常移动可引起电线外皮老化、脱落，容易造成触电事故或引起火灾。

第三节　生　活　篇

一、干香菇的泡发

烹调前，先用冷水将香菇表面冲洗干净，带柄的香菇可将根部除去，然后将“鳃页”朝下放置于温水盆中浸泡，待香菇变软、“鳃页”张开后，再用手朝一个方向轻轻旋搅，让泥沙徐徐沉入盆底。浸泡香菇的水除去泥沙后还可利用。如果在浸泡香菇的温水中加入少许白糖，烹调后的味道更鲜美。

二、巧除衣物污渍

1. 除墨渍。新渍先用温洗涤液洗，再用米饭粒涂于污处轻轻搓揉即可。陈渍也是先用温洗涤液洗一遍，再把酒精、肥皂、牙膏混合制成的糊状物涂在污处，双手反复揉搓方能除去。

2. 除尿渍。新尿渍用温水洗除；陈尿渍用28%的氨水和酒精

(1:1) 的混合液洗除。

3. 除漆渍。在刚沾上漆渍的衣服正反两面涂上清凉油，几分钟后，用棉花球顺着衣料的布纹擦几下，漆渍便可清除。除陈漆渍时，则要多涂些清凉油，漆皮自行起皱后即可剥下漆皮。将衣服洗一遍，漆渍便会完全去掉。

4. 除菜汤渍。刚沾上的菜汤渍可立即泡入冷水内约 5－10 分钟，在污渍处擦些肥皂轻轻揉搓即除。较陈旧的用小刷蘸汽油涂擦污处，去其油脂，然后把污渍浸泡在用 1 份氨水 5 份水配成的溶液内轻轻搓揉即可。

5. 除口红印。先用小刷蘸汽油轻轻刷拭，去掉油脂后，再用洗涤液洗除。严重的可先在汽油里浸泡揉洗，再用洗涤液洗除即可。

6. 除柿子斑。由于陈渍很难清除，所以沾上柿子斑后，应立即用葡萄酒加些浓盐水一起揉搓，然后用温水洗涤液洗除即可。

7. 除霉斑。

(1) 先把绿豆芽放在霉渍处，搓一搓，待霉点消失后，清水洗净即可。

(2) 丝绸上的霉斑，轻微的可用软刷子将霉斑轻轻刷去，较重的刷时可喷洒些稀氨水；白色丝绸衣服则用 50% 的酒精擦拭，再用清水洗净。

(3) 化纤衣服上的霉斑，先用 50% 酒精、5% 氨水或松节油擦拭。难以除去的霉斑先用 2% 肥皂、酒精混合液擦拭，再用医用双氧水擦拭，最后用清水洗净。

8. 除食醋、酱油渍。一般衣服上的食醋、酱油污渍，可用少量藕汁揉搓，再用清水洗净。

9. 除茶水、咖啡渍。白衣服上的茶水、咖啡渍，可用漂白剂或酒精擦拭。

10. 除圆珠笔油渍。用肥皂洗后，再用 95% 的酒精擦洗即可。

三、厨房油污巧清除

地面油污在拖把上倒一点醋擦，即可去掉地面油污。若水泥地面上的油污很难去除，可在头天晚上弄点干草木灰，用水调成糊状，再用清水反复冲洗，水泥地面便可焕然一新。

灶具油污液化气灶具沾上油污后，可用粘稠的米汤涂在灶具上，待米汤结痂干燥后，用铁片轻刮，油污就会随米汤结痂一起除去。如用较稀的米汤、面汤直接清洗，或用乌鱼骨清洗，效果也很好。

玻璃油污可用碱性去污粉擦拭，然后再用氢氧化钠或稀氨水溶液涂在玻璃上，半小时后用布擦洗，玻璃会变得光洁明亮。

纱窗油污先用笤帚扫去表面的粉尘，再用15克清洁精加水500毫升，搅拌均匀后用抹布两面均抹，即可除去油腻。或可在洗衣粉溶液中加少量牛奶，洗出的纱窗会和新的一样。

家具油污在清水中加入适量醋，然后擦拭即可去除油污。或用漂白粉溶液浸泡一会儿再擦，去污效果也很好。

四、如何识别亚麻凉席真伪

有的亚麻凉席的生产厂家为降低成本或弥补生产技术上的不足，大量采用粘胶纤维代替亚麻纤维，有的产品化纤含量甚至超过70%以上。这种产品在市场上很容易蒙骗消费者的眼睛。购买时，可用以下4种方法识别亚麻凉席的真伪。

1. 目测法。优质纯真的亚麻针织产品，纹路清晰自然密实，耐拉力强，织物表面光泽自然柔和，而化纤光泽过亮。

2. 观察法。透光照射亚麻针织产品，能看到云斑，有时还能找到少量的麻粒子。

3. 手摸法。纯亚麻针织产品手感凉爽，有垂重感，用力握稍有折皱。

4. 燃烧法。取一点亚麻织物的纱线，将其燃烧，如有燃纸味，且灰烬细腻呈白灰色，则证明是麻织物；而化纤织物一般燃烧后都有刺激性气味，灰烬也呈球状。

五、新茶贮存五法

生石灰贮存法：选用干燥、封闭的陶瓷坛，放置在干燥、阴凉处，并将茶叶用薄牛皮纸包好，扎紧，分层环排于坛的四周，再把灰袋放于茶包中间，装满后密封坛口，灰袋最好每隔1-2个月换一次，这样可使茶叶久存而不变质。

木炭贮存法：先取木炭1千克装入小布袋内，放入瓦坛或小口铁箱的底部，然后将包装好的茶叶分层排列其上，直至装满，再密封坛口，装木炭的布袋一般每月应换装一次。

暖水瓶贮存法：先将茶叶装进新买回的暖水瓶中，然后用白蜡封口并裹以胶布。此法最适用于家庭保管茶叶。

化学贮存法：先用较厚的塑料袋，将除氧剂固定在一个角上，然后封好茶叶袋，除氧剂在一二天内能将茶叶的氧气吸收掉，实现除氧封存，效果很好。

冷藏贮存法：先将含水量在6%以下的新茶装进铁或木制的茶罐，罐口用胶布密封好，再把它放在电冰箱内，长期冷藏，温度保持在5℃，效果较好。

另外，茶叶要放在较高的通风处，避免阳光直射茶罐。买茶叶的量以一个月能喝完最好。

六、生活巧用醋

外出容易晕车，如喝下不很酸的食醋水，可以清爽精神，并减轻晕车症状。

失眠，可将一汤匙食醋倒入冷开水中，搅匀喝下，即可迅速入睡。如果加入等量的蜂蜜，则效果更好。

如有人发生昏厥，可把手帕浸过食醋后捂在昏厥者的鼻子上，刺激患者清醒。

新购的瓷制餐具、茶具、酒具、放入10%的醋水内煮上两三小时后再用，可除去新瓷器所含的微量铝，避免铝毒危害身体。

在烹调水产品蟹、海蜇时，可先用1%的醋液浸泡一小时，防止嗜盐杆菌引起的食物中毒。

醋煮花生米或者黄豆，是高血脂、肥胖症和高血压、冠心病患者的佳肴，具有降脂、降压的疗效。

宴饮进食，如感胸满腹胀，可用醋 50 毫升加水至 100 毫升冲淡服下，增加胃酸，促进消化。

饮酒过量已有醉意者，可服 50% 食醋 100 至 200 毫升，可解酒毒、养肝肾。

餐后的食具，如果使用 1% 食醋液煮沸消毒，可防止病毒性肝炎、痢疾等传染病。

七、生活中巧用酒

做米饭。在做米饭时，如用的是陈米，在淘过米之后，可在米中加少量水的同时，加入 1/4 或 1/5 的啤酒，与米中的水混合后蒸出来的米饭香甜，有光泽，如同新米。

炒鸡蛋。在炒鸡蛋时，如果在下锅之前往搅拌的鸡蛋中滴几滴白酒，炒出的鸡蛋松软、光亮，并有鲜嫩感。

如果烧稀饭时不小心煳锅了，锅底有锅巴，在洗刷时不易刷掉的情况下，可倒入少许白酒或啤酒与少量水混合，盖盖放一边，五分钟后再洗就会容易地刷洗干净。

如果你在做菜时不小心醋放得多了，你可往菜中再加点酒（几滴，可根据醋放入量多少来加酒），可使醋的酸味减轻。

如果在做菜时，火腿用不完，夏天炎热不宜存放，你可在开口处涂些葡萄酒，包好后放入冰箱便于存放，可保持原有口味。

八、舒缓眼疲劳小窍门

屏幕的亮度（电脑或电视）一定要柔和，有一定的对比度但不能太强烈，否则就会造成眼部疲劳。

长时间工作一段时间后，要把眼睛移开屏幕 10 或 15 分钟。

用水浸泡药用小米草或母菊花，搁至水温适宜，然后将毛巾浸湿，敷于眼部 10 到 15 分钟。

经常眨眼 20 分钟，因为眨眼是眼部的天然按摩师。

闭眼小憩片刻，能够预防眼部紧张或疲劳。

九、巧用蛋壳

1. 煮钙质米饭。蛋壳洗净后放在锅中用微火焙酥，然后碾成粉末，掺入米中煮成饭，便是“钙质米饭”，对缺钙者和正常的人都有益处。

2. 煮咖啡。煮咖啡时，加一些蛋壳（约两杯咖啡加半个鸡蛋壳），可以使咖啡澄清味甘。

3. 除炸食物后油的黑色。炸食物的油使用几次后，油会发黑，可在油罐里放一小块鸡蛋壳，蛋壳会把掉在油中的炭粒吸附掉，能使油变清。

4. 洗衣服。把蛋壳捣碎，装在薄布袋里，放入盆中，加热水浸泡5分钟左右。然后用这种水洗衣服，就能把衣服洗得格外白净。一般5只鸡蛋壳泡的水可洗7到8件衣服。

5. 洁陶瓷器皿。将蛋壳碾成碎末，可用它代替去污粉，用来清洁陶瓷器皿，效果比肥皂还要好。

6. 擦家具。新鲜的蛋壳在水中洗后，可得一种蛋白与水的混合溶液，用这种溶液擦玻璃或其他家具，可以增加光泽。

7. 洁热水瓶。热水瓶中有了污垢，可放入一把捣碎的蛋壳，加点清水，左右摇晃，可去垢。

8. 除水壶中的水垢。烧开水的水壶有一层厚厚的水垢，坚硬难除，只要用它煮上两次鸡蛋壳，即可全部去掉。

9. 洗玻璃瓶。油垢不净的小颈玻璃瓶中，放一些碎蛋壳，加满水，放置1天-2天，中间可摇晃几次，油垢即自行脱落。如果油垢不严重的话，在瓶内放些碎蛋壳，加半瓶水，用手撳往瓶口，摇晃几次，就可使瓶子干净。

10. 制应急小漏斗。要把油装入瓶子里，一时又找不到漏斗，可用蛋壳代替。把蛋壳洗干净，在一端打一个小孔，就成为一个小漏斗了。

11. 治胃痛。将鸡蛋壳洗净打碎，放入铁锅内用文火炒黄（不能炒焦），然后碾成粉，越细越好，每天服一个鸡蛋壳的量，分2

-3次在饭前或饭后用汗水送服，对十二指肠溃疡和胃痛、胃酸过多的患者，有止痛、制酸的效果。

12. 消炎止痛。用鸡蛋壳碾成末外敷，可治疗创伤和消炎。

13. 治烫伤。在鸡蛋壳的里面，有一层薄薄的蛋膜。当身体的某一部位被烫伤后，可轻轻磕打一只鸡蛋，揭下蛋膜，敷在伤口上，经过10天左右，伤口就会愈合。它的另一个优点是敷上后能止痛。

十、巧用废瓶盖

1. 洁墙壁。将几只小瓶盖钉在小木板上，即成一个小铁刷，用它可刮去贴在墙壁上的纸张和鞋底上的泥土等，用途非常广。

2. 垫肥皂盒。将瓶盖垫在肥皂盒中，可使肥皂不与盒底的水接触，这样还能节省肥皂。

制洗衣板。将一些废药瓶上的盖子（如青霉素瓶上的橡皮盖子等）搜集起来，然后按纵横交错位置，一排排的钉在一块长方形的木板上（钉子必须钉在盖子的凹陷处），就成为一块很实用的搓衣板。因橡皮盖子有弹性，洗衣时衣服的磨损程度也较轻。

3. 护椅子的腿。在地板上搬动椅子时常会发出令人刺耳的响声。为避免这一点，可在椅子的腿上安上一个瓶盖（如青霉素瓶上的橡胶盖）作为缓冲物，这样既不会发出刺耳的声音，又可以保护椅子的腿。

4. 护房门面。可将废弃无用的橡皮盖子用胶水固定在房门的后面，可以防止门在开关时的碰撞，起到保护房门面的作用。

5. 修通下水道的揣子。通下水道的揣子经过长时间使用后，木把就会与橡胶脱离了。遇此，可找一个酒瓶铁盖，用螺钉将瓶盖固定在木把端部，然后再套上胶碗就可以免除掉把的现象。

6. 止痒。夏天被蚊虫叮咬奇痒难忍，可将热水瓶盖子放在蚊子叮咬处摩擦2-3秒钟，然后拿掉，连续2到3次，剧烈的瘙痒会立即消失，局部也不会出现红斑。瓶盖最好是取自大约90℃水温的热水瓶。

7. 养花卉。取一只瓶盖放在花盆的出水孔处，既能使水流通，又能防止泥土流失。

十一、赶走烦人的水垢

1. 水壶煮山芋除垢。在新水壶内，放半水壶以上的山芋，加满水，将山芋煮熟，以后再烧水，就不会积水垢了。但要注意水壶煮山芋后，内壁不要擦洗，否则会失去除垢作用。对于已积满了水垢的旧水壶，用以上方法煮一二次后，不仅原来的水垢会逐渐脱落，并能起到防止再积水垢的功效。

2. 小苏打除水垢。用结了水垢的铝制水壶烧水时，放 1 小匙小苏打，烧沸几分钟，水垢即可除。

3. 煮鸡蛋除水垢。烧开水的壶，用久了积垢坚硬难除。如用它煮上两次鸡蛋，会收到理想的效果。

4. 土豆皮除水垢。铝壶或铝锅使用一段时间后，会结有薄层水垢。将土豆皮放在里面，加适量水，烧沸，煮 10 分钟左右即可除去。

5. 热胀冷缩除水垢。将空水壶放在炉上烧干水垢中的水分，烧至壶底有裂纹或者烧至壶底有“嘭”响之时，将壶取下，迅速注入凉水，或用抹布包上提手和壶嘴，两手握住，将烧干的水壶迅速坐在冷水中（不要让水注入壶内）。重复 2 至 3 次，壶底水垢会因热胀冷缩而脱落除去。

6. 醋除水垢。如烧水壶有了水垢，可将几勺醋放入水中，烧一二个小时，水垢即除。如水垢中的主要成分为硫酸钙，则可将纯碱溶液倒在水壶里烧煮，可去垢。

7. 口罩防积水垢。在烧水壶里放一只干净的口罩，烧水时，水垢会被口罩吸附。

8. 磁化。在壶中放一块磁铁，不仅不积垢，煮开的水被磁化，还具有防治便秘、咽喉炎等作用。

十二、怎样选择新鲜蔬菜

1. 番茄——果蒂硬挺，且四周仍呈绿色的番茄才是新鲜货。有些商店将番茄装在不透明的容器中出售，在未能查看果蒂或色泽的情况下，最好不要选购。

2. 黄瓜——刚采收的小黄瓜表面上有疣状突起，一摸有刺，是十分新鲜的。颜色浓绿有光泽，再注意前端的茎部切口，感觉嫩绿、颜色漂亮才是新鲜的。

3. 洋白菜——叶子的绿色带光泽，且颇具重量感的洋白菜才新鲜。切开的洋白菜，切口白嫩表示新鲜度良好。切开时间久的，切口会呈茶色，要特别注意。

4. 茄子——深黑紫色，具有光泽，蒂头带有硬刺的茄子最新鲜，反之带褐色或有伤口的茄子则不宜选购。若茄子的蒂头盖住了果实，表示尚未成熟。茄子切口变色，只要泡在水中即可保持鲜嫩。

5. 香菇——菇伞为鲜嫩的茶褐色，肉质具有弹性，才是新鲜的香菇。刚采的香菇，背面皱褶覆有白膜状的东西，若此处呈现出茶色斑点，表示不太新鲜。

十三、冰块的妙用

1. 退热。将冰块用塑料袋装好，用干毛巾包裹在头、颈、腋下、胸部等处，能较快使体温下降，防止大脑烧伤。

2. 治烫伤。轻度烫伤可用洁净冰块直接块敷在烫伤处，不仅可止痛，还能减少水泡发生。

3. 治中暑。夏季中暑，可立即在头、胸部敷上冰块。当头部被阳光直射出现剧烈头痛，也可立即用冰块降温。

4. 治皮炎。夏季如果身上长痱子或者出现了小红疹，可用冰水擦洗患部，既止痒，又能使痱疹早日消退。

5. 治外伤。撞伤及扭伤后，不可以热敷，这会使小血管破裂出血，而应在伤部冰敷，可减轻血管出血，防止血肿形成，有利于挫伤恢复。

6. 治虫咬，毒蜂、虫叮咬后，伤口会疼痛、肿胀。除用药物治疗外，均可在局部冰敷，既止痛，又可防止毒素扩散。

7. 止出血。当出现黑便、吐血等症状，可先在胃部、胸部冰敷，以减轻出血为送医院抢救争取时间。出鼻血者则在颈后风池穴、鼻翼两侧迎香穴冰敷，可立即止血。

8. 止痛。手指尖扎进小刺要用针头剔除进，可将手指尖按在冰块上冻至发麻，剔刺时就不会痛了。

十四、冷天发面法

啤酒馒头松软。和面时在面粉中加些啤酒（啤酒和水各一半），这样蒸出来的馒头格外松软。

用盐水发面松软。发面时，若果放一点盐水调和，可以缩短发酵时间，蒸出来的馒头也更加松软可口。

冷天用发酵粉发面，可以加上一些白糖，能缩短发酵时间，其效果也好。

十五、酒精棉球能防治麦粒肿

麦粒肿病虽小，但很让人烦恼，痛苦不堪，医疗上又无治疗好办法，用酒精棉球擦拭眼睫毛根部效果非常好。方法是：当开始患病——眼睑发痒、出现红肿或疼痛时，即刻用酒精棉球擦眼睫毛。擦时要双眼紧闭，用酒精棉球（不要太湿，太湿时挤掉一些酒精）在眼睫毛根处来回轻轻擦几下。擦后双眼会感到发热（发热时不可睁眼，否则酒精会渗透到眼里使眼睛疼痛），待热劲过后再睁眼。只要当天擦2－3次就可消肿。

十六、巧用冰箱

1. 衣物上粘有口香糖难以去除，可将衣服放入冰箱，口香糖经冷冻后变脆，轻搓即可去除。

2. 生日蜡烛放入冰箱冷冻24小时，再插在蛋糕上，就不会出现蜡油流下弄脏蛋糕的情况。

3. 绿豆、黄豆、赤豆等豆类一般不易煮烂，但只要先煮一下，待冷却后放入冰箱冷藏室，半天后取出，即可煮烂。

4. 手脚被烫伤，可立即将烫伤的手脚伸入冰箱内，既可减轻疼痛，又能避免起泡。

5. 丝质衣服不易烫平，若将衣服喷上水装进布袋内放进冰箱里，十分钟取出熨烫，衣服便会很平整。

6. 栗子煮熟后不易剥壳，只要冷却后在冰箱内冻 2 小时，可使壳肉分离，剥起来既快，且栗子肉完整。

7. 茶叶、香烟、药品存放于冰箱内，可 18 个月不变质。

十七、巧用淘米水

1. 从市面上买回的肉，有时会沾上灰土等脏物，用自来水洗不干净。如果用热淘米水洗两遍，再用清水洗一遍，脏物就被清洗干净了。

2. 砧板用久了，会产生一股腥臭味。可将砧板放入淘米水中浸泡一段时间，再用点盐来洗擦，然后用热水冲净，砧板上的腥臭味就可消除。

3. 咸鱼放入 1 盆淘米水中，再加进 50 克食用碱面，搅拌均匀，浸泡半天，取出便可以烹调了，成菜味道鲜美。

4. 新砂锅在使用前，可先用淘米水洗刷几遍，再装上米汤在火上烧半小时。经过这样处理，砂锅就不会漏水了。

5. 砂锅上积了污垢，用淘米水浸泡烘热，用刷子刷洗，然后再用清水冲净，砂锅上的污垢就被去掉了。

6. 用淘米水清洗猪肚、猪肠，效果非常好。

7. 用淘米水泡干笋、海带、墨鱼等，即易泡涨、洗净，又易煮熟、煮透。

8. 常用淘米洗手，不仅能去污，而且可使皮肤滋润光滑。

9. 菜刀、锅铲、铁勺等铁制炊具，在使用过后，浸入较浓的淘米水中，可以防止生锈。

10. 已生了锈的炊具，放入淘米水中，泡 3 至 5 小时，取出擦干，就能将上面的锈迹除去。

11. 新买来的漆器用具有一股漆味。如用淘米水再加少许食醋，用干柔软的布蘸来擦抹漆器用具，上面的漆味就可除去。

十八、电池使用要诀

电池充电：不同电池各有特性，用户必须依照厂商说明书指示的方法进行充电。在待机备用状态下，电话也会耗费电池，如果要进行快速充电，宜先将手机关闭或把电池拆下进行充电。

快速充电：有些自动化的智能型快速充电器当指示灯信号转变时，只表示充满了90%，充电器会自动改用慢速充电并将电池完全充满。用户最好将电池完全充满后使用，否则会缩短使用时间。

电池记忆效应：如果电池属镍镉电池，长期不彻底充、放电，会在电池内留下痕迹，降低电池容量，这种现象被称为电池记忆效应。

定期消除记忆：方法是把电池完全放电，然后重新充满。放电可利用放电器或具有放电功能的充电器，也可以利用手机待机备用模式，如要加速放电可把显示屏及电话按键的照明灯打开。要确保电池能重新充满，应依照说明书的指示来控制时间，重复充、放电两至三次。

十九、除去室内异味的妙招

1. 霉味。每年的梅雨季节，屋内都很潮湿，居室内的衣箱，壁橱，抽屉常常会散发霉味，你可往里面放一块肥皂，霉味即除。也可将晒干的茶叶渣装入纱布袋，分发各处，不仅能去除霉味，还能散发出清香。

2. 香烟味。现代，不管是男人还是女人，吸烟似乎是一种潮流，室内吸烟，烟雾缭绕，有碍健康，如认识到这个问题，你可用蘸了醋的纱布在室内挥动或点支蜡烛，烟味即除。

3. 厨房异味。在厨房中做饭做菜，饭菜的各种味道很浓，你在锅中放少许食醋加热蒸发，厨房异味可消除。

4. 油漆味。新油漆的墙壁或家具有一股浓烈的油漆味，要去除漆味，你只须在室内放两盆冷盐水，一至两天漆味便除，也可将洋葱浸泡盆中，同样有效。

5. 煤油烟味。用煤油炉或蜂窝煤做饭，在燃烧过程中，要产生黑色浓烟，若在煤油中或蜂窝煤上加几滴醋，烟味即可减少或者消除。

6. 居室异味。居室空气污浊，可在灯泡上滴几滴香水或花露水，风油精，遇热后会散发出阵阵清香，沁人心脾。

7. 炖肉异味。炖肉时，在锅中加上几片橘皮，可除异味或油腻，并增加汤的鲜味。

8. 鱼腥味。如炒菜锅里有鱼腥味时，可将锅烧热，放一些用过的温茶叶，鱼腥味就会消失。

9. 豆腐酸味。发现豆腐发酸时，可用5%的苏打溶液浸泡半小时，冲净，酸味即除。

10. 花肥臭味。在室内养花，若用发酵的溶液做肥料，会散发出一种臭味，这时可将新鲜橘皮切碎掺入液肥中一起浇灌，臭味即可消除。

11. 垃圾桶臭味。当金属垃圾发出臭味时，可将废报纸点燃后迅速放进去，臭味即除。

12. 卫生间臭味。家中卫生间虽然常冲洗，可还是有臭味，可将一盒清凉油或风油精开盖后放于卫生间角落处，既可除臭又可驱蚊。也可放置一小杯香醋，恶臭也会自然消失。

二十、收藏冬衣要得法

1. 棉衣：在收存前最好洗净，因为不洗干净棉衣上面的污物和油垢，吸潮后易发霉。就是洗好的棉衣，到了雨季，遇上好天气，还应放在阳光下晒几次，以免发霉。

2. 毛线衣物：毛线衣物易遭虫蛀，所以要及时收存起来。收存前洗涤时，可先用温水浸透，再放入洗衣粉低温淡溶液中浸泡10－15分钟，然后轻揉，不可搓洗。冲洗干净后，可放在桌上用力压干（不能拧绞干），挂在通风阴凉处晾干。

3. 呢料衣服：可用“干洗”法，即先晒一晒，拍去上面尘土，将汽油均匀地喷洒在呢料衣服上，然后用毛巾擦一遍。有油污的地方，可用布蘸汽油擦拭，晾在通风阴凉处让汽油挥发掉，再铺上一层湿布，用熨斗烫平，即可收存。

4. 化纤衣服：不可用力搓或刷，以免起球；也不要用热水烫洗，以免收缩起皱。洗好后一定要用清水投净，并在通风阴凉处晾干。

洗净晒干的冬衣分类收存。毛料衣服可以放些用白纸包好的樟脑丸，但素色丝绸和化纤织物切不可同樟脑丸放在一起，以免损坏衣物。

二十一、夏季用品收藏诀窍

1. 棉、麻衣物的收藏。洗涤干净熨烫后，叠放平整，按颜色深浅分开存放。

2. 针棉织品或带有拉链、裤带扣、金属钮扣等金属物的衣物，最好用塑料袋或白纸包好后收藏。

3. 丝绸衣物的收藏。为防压皱，收藏时，应放在衣柜上层，在上面放几块衬布，可以减少潮气进入衣柜。存放丝绸衣物，勿使用樟脑丸，否则衣服会变黄。还注意不要将棉丝绸服装与真丝绸服装混放在一起，以免使真丝绸服装变色。

4. 皮凉鞋的收藏。先做好皮凉鞋鞋面鞋底的保养工作。各种皮凉鞋的鞋面，除了合成革之外，一般都不能用湿布擦，更不能放在水中浸洗。否则容易擦去鞋面上的色光浆而影响美观。沾水过多，还会使皮质逐渐变硬，影响牢度。各种光面革的凉鞋，可先用普通白色橡皮在鞋面轻轻擦试，然后用干净软布揩掉橡皮屑，再擦上白鞋油，略干后用鞋刷反复轻刷，再用软布擦拭，就可使皮鞋面光亮如新。棕色或红皮鞋沾上污渍，可涂点柠檬汁再用鞋油擦，即可除掉污渍。还要为皮凉鞋或仿皮凉鞋底去污。皮凉鞋鞋底如积有污泥，要用干刷子刷；仿皮底或橡胶底则用刷子蘸水洗净。皮凉鞋在收藏时，应把鞋内的汗水潮气晾干，防止霉变。收藏时，最好在鞋内塞些布，以免鞋面松塌，然后放在鞋盒内，这样，可保持凉鞋的头型挺拔不变形。

5. 竹席的收藏。竹席分为竹皮、二层皮两种凉席。竹皮席收藏，可用肥皂水擦洗，清水冲洗，然后涂滑石粉后卷起，卷起的筒直径不要小于30厘米，以免折断竹纤。穿绳竹席顺着卷，切勿反卷，以免把穿绳弄断。竹席收藏时，可用纸包起来，放在阴凉处，不可受潮或受热，这样，不会霉，不会蛀，可大大延长凉席的使用寿命。

6. 电风扇的收藏。收藏之前，先要把风叶、网罩、电机壳和底座上的尘土污垢擦拭干净，以保持其外表整洁，防止污物锈蚀电风扇，然后用软布沾肥皂擦拭，接着用干布擦干，再用打光蜡打光。切勿用汽油、酒精、苯等溶剂擦拭，以防损伤油漆而失去光泽。

二十二、家庭安全从小处着手

1. 浴缸：淋浴时，在浴缸外铺上垫子，以防因脚底潮湿而滑倒。

2. 楼梯：对楼梯要及时维护，做好防滑处理。

3. 电线与插座：墙上用不着的插座应套上安全盖，保险丝的负荷必须与定电流指数相符。要特别注意别让小孩把手指插入插座内。

4. 家具：家具摆设远离易燃物品。

5. 有害人体的药剂：用来灭虫或除臭用的药剂，应装在密闭的容器内，妥善保存，特别要放在小孩拿不到的地方。

6. 玻璃门窗：选择彩色标签贴在玻璃门窗上，以防不慎撞破玻璃。

7. 防火设备：家中要配备灭火器。家庭成员要掌握必要的防火知识和应变措施。

8. 液体燃料：如酒精、汽油、烯料等少量易燃液体均应附上标签，注明物品名称，并装在密封容器内，放在远离火种的地方。